パソコン最強時短仕事術

超速で仕事するテクニック

守屋恵一 著

　本書は、Windowsパソコンを仕事に使っている人ができるだけ短時間で作業を終わらせるためのテクニック、すなわち時短術を解説した本です。

　パソコンの時短術は、エクセルやアウトルックとは若干異なります。エクセルなどアプリの時短は、基本的にそのアプリの中だけで完結します。エクスプローラーを使うテクニックも考えられますが、少数派です。一方、パソコンの時短術といえば、エクセル、ワード、アウトルックといったオフィスアプリだけでなく、エクスプローラーやブラウザといったアプリ、そして何よりWindowsの設定も無視できません。さらに、パソコン本体やキーボードなどのハードウェアも時短の実現には関係があります。つまり、**パソコンの時短を突き詰めるには、多岐にわたる知識が必要となるのです。**

　とはいえ、恐れることはありません。本書では、100近くのテクニックを紹介していますが、それらをすべて同時に取り入れたり、頭から順番に試してみたりする必要はありません。自分の業務や短縮したい作業に関係のあるものから読んでいけば、それで十分効果があるはずです。

パソコン時短術における3つのステップ

　パソコンの時短につながるテクニックは、無限に存在するといっても過言ではありませんが、多くは3つのステップに分類されます。特にどれを先にやるべきという決まりはないので、気になるところから始めてもかまいませんが、最終的には3つとも何らかの形で行うのがおすすめです。

　1つ目は「手数を減らす」です。複数の手順を1つにまとめたり、時間のかかる操作方法から短時間で実行可能な操作方法に変更するもので、たとえば日本語入力での辞書登録や定型文の設定がこれにあたります。

　難読地名を入力する際、読みを入力して変換しても表示されない場合、1文字ずつ別の言葉から取り出す必要があり、大変手間がかかります。しかし、あらかじめ辞書登録しておけば、ほかの言葉と同様に1秒もかからず入力できます。また、「○○株式会社　●●様」「お世話になっております。技評商事の守屋です。」などという宛名から「よろしくお願いします。」という結語まで、毎回全部キーボードから入力していては非効率すぎます。定

型文として登録しておけば、数秒で入力完了です。

　ショートカットキーもこのステップに属します。ワードで特定の文字列に適用した書式を別の文字列にも適用したいとき、元の文字列を選択して Ctrl + Shift + C を押し、書式を適用したい文字列を選択したあと、Ctrl + Shift + V を押せば、どれだけ複雑な書式を設定してあったとしても、瞬時に適用できます。これをいちいち設定していては時間がかかるうえに、設定ミスをしてしまうことも考えられます。

　このステップに属するテクニックは、時短効果が高いものが多いので、ここから手を付けていくといいでしょう。

操作しやすく設定して時間を節約する

　2つ目のステップは「操作しやすい環境を作り出す」です。このステップでは、手順そのものは時短にはつながらないものの、操作をしやすくして無駄を省きます。デスクトップ上のアイコンの整理や、アウトルックで「タグ」代わりに色分類項目を利用する設定などがこれにあたります。

　業務に関するファイルを全部デスクトップに並べている人をたまに見かけますが、時短という観点からは最悪の状態です。常にファイルを探す作業から逃れられず、検索機能を使わねばならなくなります。ファイル名をうっかり忘れてしまおうものなら、あちこちのフォルダーを開いて探し、ファイルを開く必要まで生じてしまいます。とんでもない時間のロスだといえるでしょう。デスクトップには必要なアイコンのみ、分類・グループ分けして配置するのが、時短の観点から見て正しいWindowsの使い方といえます。

　アウトルックでは、フォルダー分けはできますが、「タグ」（Gmailでは「ラベル」といいます）機能が搭載されていません。そのため、1通のメールに複数のタグを付けて、どのタグからでもメールを呼び出したいときは、色分類項目をタグ代わりに使います。こうすることで、分類後のメールを検索機能に頼らずに探し出すことが可能です。

　ちなみに、いずれのケースでも検索によって、目的のファイルやメール

を見つけることは可能ですが、検索は「遅い」ことを忘れてはいけません。検索で探し出すには、正しいキーワードを入力することが必須です。文字入力は時間がかかる操作の筆頭に挙げられるので、時短を目指すなら、多くの場合でなるべく避けるべきです。そもそも、正しいキーワードを思いつかなければ、どう検索してもヒットしないこともあり得ます。

作業を快適にしてストレスを減らす

　3つ目のステップは、「作業そのものを快適にする」です。作業が快適になれば、かかるストレスが減って、結果的に時短につながるはずです。これに属するものには、たとえばメールやビジネスチャットのマナー、マウスの設定などがあります。

　メールのマナーは、「堅苦しい」「面倒だ」と感じるかもしれませんが、マナーを守ることによって意思を伝達しやすくなり、スムーズに情報を伝えたり、間違った情報が相手に伝わってしまうことを防いだりできるという側面もあります。たとえば、メールの冒頭に入れる宛名をいちいち入力するのは面倒ですが、それによって本来送るべき相手以外にメールを送ってしまうミスを犯したときに、送信した人も受信した人も気づきやすくなります。

　マウスポインターの動くスピードは、ディスプレイのサイズ・解像度やマウスの性能によって、最適と感じる設定が異なります。もし動きが速すぎると、思った場所にマウスポインターを合わせるのにストレスを感じてしまいます。

もう一歩進んだ作業環境を手に入れる

　本書では、有料アプリやハードウェア、インストール時に管理者権限が必要なアプリも積極的に取り上げました。会社のパソコンだと、セキュリティや管理上の都合で利用できないケースもあるでしょう。ただし、**本気で時短したいなら、管理者にかけあってでも導入する価値はあります。**

多くの人に関係があるのは、キーボードとマウスといった入力機器のグレードアップでしょう。マウスは一定水準以下の製品を使っていると、マウスポインターが思いどおりに動かなかったり、クリックの反応が悪かったり、作業効率が下がる原因になってしまいます。また、キーボードは入力速度が遅いうちはあまり気になりませんが、速くなってくると高品質な製品に取り替えたときの効果が大きくなります。

最初に述べたように、パソコン仕事全体の時短術は広範囲の知識が必要になります。本書で紹介したテクニックは、その中のごく一部を説明したに過ぎませんが、いずれも時短に役立つものばかりです。本書がみなさんの時短への欲求をわずかなりとも満たすものと信じています。

守屋 恵一

本書の読み方

時短の初心者なら、第5章のブラウザや検索のテクニックからマスターしてください。ネット閲覧や情報収集にかかる時間が短縮でき、時短術の効果を知ることができるはずです。エクセルやワードといったオフィスアプリの時短は第4章、メール仕事が多ければ第3章、文字入力の作業が長い人は第2章をチェックしてください。ファイルの受け渡しが多い人は第1章も必読です。作業環境の改善を図りたいなら、第6章がヒントになるでしょう。

Contents

第1章　まずはアプリの起動とファイル整理を高速化

第2章　入力操作を確実・快適にして表現力を磨く

第3章　メール&チャットで伝える力を倍増する

第4章 エクセル・ワードを使った文書作成のコツ

第5章 情報収集を倍速で行う方法

第6章 パソコン環境を整えて快適に作業する

まずはアプリの起動と
ファイル整理を
高速化

アプリを起動するのに、いちいちスタートメニューから探したり、デスクトップのショートカットをダブルクリックしたりしている人はいないでしょうか。どちらもわかりやすい方法ですが、時短という観点から見れば、絶対に避けるべき操作方法です。

Windows 10には、アプリの起動を高速化するための操作方法がいくつも用意されています。毎日パソコンで仕事をしているなら、そういったテクニックを使わないのは損です。ぜひここで紹介している操作を覚えて、アプリの起動にかかる時間を短縮してください。

アプリの起動と並んで重要なのが、ファイルの管理方法です。パソコンで行う作業の大半はファイルの作成や編集であり、パソコンを使い続けていればファイルの数はどんどん増えていきます。いい加減な管理をしているとファイルを見失ってしまい、それを探すための時間がかかります。そのような無駄をなくすために、あらかじめ明確なルールを決めてファイルを整理することが重要なのです。

本章で紹介しているテクニックは、必ず身につけておくべき基本に属するものがほとんどです。すべてに目を通して、日々の業務にすぐにでも取り入れてください。

アプリ起動は
ショートカットキー一発!

パソコンでの時短を目指したいとき、第一歩になるのがアプリの起動時間短縮です。マウスでスタートメニューを開いて、タイルからアプリのアイコンを探したり、スタートメニューをスクロールしたりする時間は無駄以外の何物でもありません。

タスクバーからアプリをショートカットキーで起動

Windows 10でアプリを起動するまでの時間を短縮したい場合、**アプリをタスクバーに登録する**のが一番の近道です。メールアプリやブラウザ、テキストエディター、画像処理アプリなど毎日必ず使うものは、タスクバーにピン留めしておくといいでしょう。

ピン留めしたアイコンをクリックして起動するだけでもかなりの時短になりますが、**さらに時間を短縮したいならショートカットキーを使いましょう**。タスクバーのアイコンは左から10個までショートカットキーが割り当てられており、⊞ ＋数字キーでアプリを起動できます。

なお、よく使うアプリほど左にアイコンを置きたくなりますが、数字が小さいキーのほうが押しやすいとは限りません。自分の押しやすい数字キーで、よく使うアプリを起動できるように調整しましょう。

Point

数字キーを選ぶときは、そのアプリのアイコンが左から何番目にあるかを数えます。その際、タスクバーの [Cortana] アイコンと [タスクビュー] アイコンは数に含めません。

ATTENTION!

⊞ ＋数字キーで起動できるアプリは左から10個目までで、11個目以降は起動できません。アイコンが10個以上ある場合は、よく使うアプリを左のほうへ移動して10個以内になるように調整しましょう。また、10番目は「10」ではなく ⓪ を押します。

■ 任意のアプリをタスクバーにピン留めする

スタートメニューのアプリ一覧でタスクバーにピン留めしたいアプリを右クリックし（❶）、［その他］→［タスクバーにピン留めする］を選択する（❷）

■ ピン留めしたアプリをキーボードから起動

タスクバーにアプリのアイコンが追加されたら（❶）、並び順に応じて田＋数字キーを押す（❷）。この例では田＋⑤を押すとChromeが起動する

Point

エクスプローラーは田＋Eで起動できるので、ショートカットキーでできるだけ多くのアプリを起動したいなら、タスクバーから削除しておいたほうがよいでしょう。

時短
20分

アプリ名を入力して
爆速で起動する

タスクバーにピン留めしたアイコンは、■＋数字キーで起動できます。しかし、このショートカットキーで起動できるのは10個までです。それ以外はどうすれば手早く起動できるでしょうか。

たいていのアプリは3〜4回キーを押せば起動できる

　前節で解説した、タスクバーからアプリを起動する方法は便利ですが、ショートカットキーが割り当てられるのは10個までです。それ以上のアプリをショートカットキーで起動したければ、別の方法を使うしかありません。しかも、4段目の数字キーを使うので、タイプしづらく感じる人もいるはずです。

　そんなときは、**検索機能を使って起動すると便利です**。古いバージョンのWindowsでは非常に低機能でしたが、最近の検索機能の性能は素晴らしく、**アプリ名の先頭の1文字を入力しただけでもよく使うアプリが候補として挙げられます**。起動したいアプリが検索にヒットしたら、あとは Enter を押すだけです。キー入力が高速なら、ぜひ試してみてください。■＋数字キーより使いやすいと感じるかもしれません。

■ 検索ボックスにアプリ名を入力する

■ を押し（**❶**）、検索ボックスにカーソルが点滅し始めたら、起動したいアプリ名の最初の数文字を入力する（**❷**）

❶ ■ を押す

❷ アプリ名の最初の数文字を入力

■ 検索結果からアプリを起動する

1文字入力するごとに検索結果が絞り込まれるので、起動したいアプリが候補の先頭に表示されたら（❶）、文字入力を中断して、Enter を押す（❷）。なお、起動したいアプリが候補の2番目以降に表示されている場合は、↑↓で選択してから Enter を押す

Point

⊞ を押して検索ボックスを使おうとすると、同時にスタートメニューが表示されます。「用もないのにスタートメニューが開くのはうっとうしい」と思うなら、代わりに ⊞ + S を押して検索ボックスを呼び出しましょう。

COLUMN
アプリ名を素早く入力して起動をさらに高速化

アプリ名が日本語の場合、実は半角英字で読み（ローマ字）を入力して検索することもできます。たとえば「天気」アプリは「tenki」、「エクスプローラー」は「ekusupuro-ra-」で検索できます。この方法なら、英語入力モードになっている場合でもいちいち日本語入力に切り替える必要がなく、変換の手間も不要なので、アプリの起動をさらに高速化できます。

また、アプリの英語名を覚えておき、その名前の最初の数文字を入力して起動するという方法もあります。たとえば、「電卓」アプリは「calculator」、「カレンダー」アプリは「calendar」、「メール」アプリは「mail」、「天気」アプリは「weather」なので、それぞれ最初の数文字を入力します。

🖥 コントロールパネルの起動も検索で高速化

　Windows 10では大半の設定が「設定」アプリで変更可能なので、Windows 7までよく使用していた「コントロールパネル」を起動する機会は激減しました。しかし、コントロールパネルでしかできない高度な設定もあります。困ったことに、コントロールパネルはスタートメニューの「こ」の項目にはありません。「Windowsシステムツール」フォルダーの下にあるからです。このように、スタートメニューから探しづらい場合に使えるのが検索による起動方法です。コントロールパネル以外にも、なかなか見つからないアプリはあるので、この方法はぜひ覚えておきましょう。

■「コントロールパネル」を開く

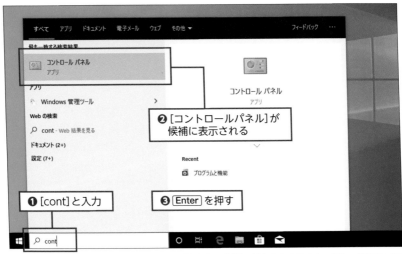

「Control Panel」または「コントロールパネル」の先頭の何文字かを入力し（❶）、候補に［コントロールパネル］が表示されたら（❷）、Enter を押すと（❸）、起動できる

Point　同様の方法で、コントロールパネル内の項目名を検索して直接開くことも可能です。たとえば「共有」と入力すれば、コントロールパネルの［共有の詳細設定］を検索できます。また、［設定］アプリの項目も、検索機能を使って素早く呼び出せます。たとえば「ストレージ」と入力すれば、［設定］→［システム］→［ストレージ］の画面を簡単に開くことができます。

1—03

毎日必ず使うアプリを
いちいち起動してはいけない!

ブラウザやアウトルックなど、毎日仕事の開始と同時に使い始めたいアプリ
は、Windowsの起動時に自動的に起動することで時短につながります。

🖥 「スタートアップ」フォルダーを利用する

　出社してパソコンを起動したら、まずは今日のスケジュールと受信した
メールのチェックから1日が始まる人は多いはずです。それに加えて、チ
ャットアプリやメモアプリが必須のこともあるでしょう。

　このように毎日必ず使うアプリをいちいち手動で起動していては、仕事
を始めるまでに時間がかかってしまいます。そこで、**アプリをスタートア
ップに登録して、起動の操作を自動化してしまいましょう**。そうすれば、必
要なアプリをうっかり起動し忘れることもなくなります。

■ デスクトップアプリの場所を開く

スタートメニューのア
プリ一覧で自動起動し
たいアプリを右クリッ
クし（❶）、［その他］
→［ファイルの場所を
開く］を選択する（❷）。
アプリのショートカッ
トアイコンが表示され
るので、Ctrl + C を
押してコピーする

Point

[その他] に [ファイルの場所を開く] が表示されるのはデスクトップアプリの場合だけです。ストアアプリでは表示されないので、後述のようにタスクバーから作業します。

■ [スタートアップ] フォルダーを開く

❶ ⊞ + R を押す

❷「shell:startup」と入力

⊞ + R を押し (❶)、[ファイル名を指定して実行] ダイアログが表示されたら、[名前] に「shell:startup」と入力してから (❷)、Enter を押す

■ アプリのショートカットを追加する

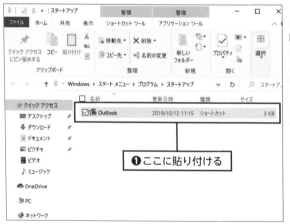

❶ ここに貼り付ける

[スタートアップ] フォルダーが開いたら、Ctrl + V を押し、コピーしておいたショートカットアイコンを貼り付ける (❶)。これで、Windowsを起動してサインインすれば登録したアプリが自動的に起動するようになる

　なお、ストアアプリはショートカットアイコンの取得方法が異なるので、次のような手順を実行します。

■ ストアアプリのショートカットを作成する

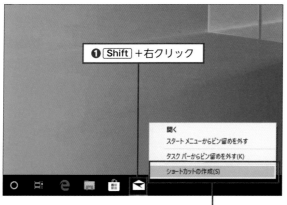

❶ Shift ＋右クリック

開く
スタート メニューからピン留めを外す
タスク バーからピン留めを外す(K)
ショートカットの作成(S)

❷選択

ストアアプリの場合は、ま
ずタスクバーにピン留めし
ておく。アプリを起動して
いない状態で、Shift を押
しながらタスクバーのアイ
コンを右クリックし（❶）、
［ショートカットの作成］
を選択する（❷）。デスク
トップにショートカットが
作成されたら、18ページ
と同じ手順で［スタートア
ップ］フォルダーにコピー
する

COLUMN

不要なものは［スタートアップ］から削除

　［スタートアップ］に登録したアプリが多いと、起動に時間がかかります。不
要なものは［スタートアップ］フォルダーからショートカットアイコンを削除
しておきましょう。また、［設定］→［アプリ］→［スタートアップ］で、自動
起動が不要なアプリを［オフ］に切り替えることもできます。

ファイル整理の第一歩は
デスクトップから

デスクトップは、ファイルやフォルダーなどの置き場所としては一番目立つ
ところです。そのため、データをすべてデスクトップに置く人もいるくらい
ですが、ファイルを整理したいならやめておくのが正解です。

最小限のショートカットだけを整理して置くのが基本

　パソコンで行う作業の大半は、ファイルを作成して編集することだといわれています。ネットで完結する作業も最近増えてきましたが、パソコンを使いこなせば使いこなすほど、ファイルの数がどんどん増えていくのがふつうです。

　ここで問題になるのが、ファイルの保存場所です。関連のあるファイルを集めてフォルダーに分類し、階層状に整理するのが基本ですが、深い階層にあるファイルは開くときに手間がかかります。「探しやすいように、ファイルやフォルダーは全部デスクトップに置いている」という人をときどき見かけますが、この方法はあまりおすすめできません。何もかも置いたままだとデスクトップがすぐに散らかってしまい、必要なものを見つけにくくなるからです。

　そこで試してほしいのが、**ファイルやフォルダー本体ではなく、ショートカットをデスクトップに置く**方法です。進行中の案件に関するものなど、**頻繁に使うファイルやフォルダーのみに限定**して、デスクトップにショートカットを作成します。こうすれば、わざわざ探さなくても簡単にファイルを開くことができ、素早く作業を始められます。

　もちろん、ショートカットが増えすぎたり、配置が乱雑になったりしないように心がけることも大切です。デスクトップにはアプリやウェブサイトなどのショートカットを置いている場合も多いはずですが、これらのアイコンとファイルやフォルダーのショートカットアイコンが混在しないように、きちんと整理しておきましょう。

■ 重要なショートカットを分類して配置する

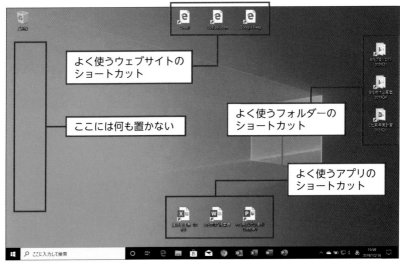

よく使うウェブサイトの
ショートカット

ここには何も置かない

よく使うフォルダーの
ショートカット

よく使うアプリの
ショートカット

デスクトップに置くのは進行中の案件に関わるものと使用頻度の高いものに限定して、ファイル
やフォルダーの本体ではなく、ショートカットのアイコンを利用する。図のように画面のエリア
ごとにカテゴリーで分類しておけば、さらにわかりやすい

Point

画面の左側は新たに作成したファイルなどのアイコンが表示される
エリアなので空けておきます。ここにアイコンが追加されたら、速
やかに分類・整理する習慣をつけましょう。

Point

ここではアイコンの種別で置く場所を分けていますが、案件ごとに
分けるという方法もあります。多くの案件を並行して進めている場
合は、そのほうが便利でしょう。ここでの例を参考に適宜デスクト
ップ管理をカスタマイズしてください。

　では、実際にファイルやフォルダーのショートカットをデスクトップに
作ってみましょう。

■ デスクトップにショートカットを作成する

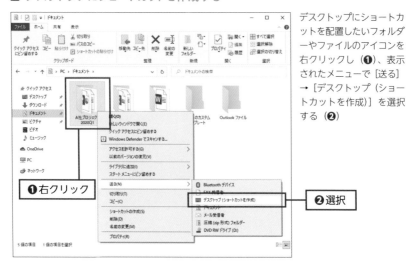

デスクトップにショートカットを配置したいフォルダーやファイルのアイコンを右クリックし（❶）、表示されたメニューで［送る］→［デスクトップ（ショートカットを作成）］を選択する（❷）

❶右クリック

❷選択

Point

ファイルやフォルダーの本体を保存している［ドキュメント］フォルダー内の項目数が増えてきたら、必要に応じてサブフォルダーを作って整理しましょう。年度や四半期などの時系列か、取引先の会社別や案件別に分類するのが一般的です。

■ アイコンの自動整列をオフにしておく

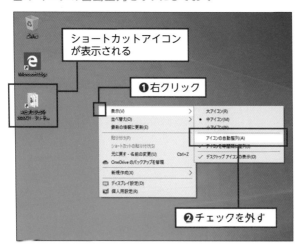

ショートカットアイコンが表示される

❶右クリック

❷チェックを外す

デスクトップにショートカットのアイコンが表示されたら、位置を決める前に設定を確認しておこう。デスクトップの何もない部分で右クリックし（❶）、表示されたメニューで［表示］→［アイコンの自動整列］のチェックを外しておく（❷）。あとは適宜ファイル名を変更して、並べ替えればよい

ウェブページのショートカットを作成する

ウェブページへのショートカットは、以下の方法で作成します。なお、ここではChromeでの手順を解説します。Edgeでもショートカットをデスクトップに配置できますが、手順がかなり異なります。

■ Chromeでウェブページのショートカットを作成

Chromeを使っている場合、ウェブサイトのショートカットアイコンを作成するのは簡単だ。アドレスバーに表示されているURLの左側の小さなアイコンをデスクトップにドラッグする（❶）

■ 分類に応じたエリアに移動して名前を変更

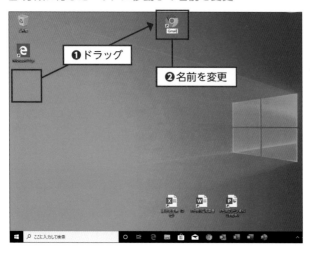

❶ドラッグ

❷名前を変更

ショートカットを事前に決めておいたエリアにドラッグして移動し（❶）、必要に応じて名前を変更する（❷）

COLUMN

デスクトップ整理アプリで配置を固定する

　デスクトップに配置したアイコンは、ちょっとした設定変更などの影響で位置や並び順が変わってしまうことがあります。こうした不都合を避けるには、デスクトップ整理アプリを使うといいでしょう。デスクトップ整理アプリはいくつかありますが、その中でも「Fences」は安定していて使いやすく、日本語環境でも安心です。

Fences
開発元：Stardock Corporation
URL：https://www.stardock.com/products/fences/
価格：1245円

1—05

時短 20分

ディスプレイを買い替えずに広く使う方法

ノートパソコンの最大の欠点は、画面が狭いことです。表示できる情報量が少ないため、複数のアプリを同時に使いたいとき、どうしても画面の切り替えが必要で、手間がかかってしまいます。この不便さを軽減するにはどうすればよいでしょうか。

仮想デスクトップでウィンドウを集める

ノートパソコンは携帯性と省スペース性に優れており、オフィスでもノートパソコンで作業している人も多いでしょう。最近のノートパソコンはハイスペックで動作も高速な製品もたくさんありますが、どうしてもデスクトップパソコンに勝てないのが画面スペースの大きさです。

画面が狭いと、一度に表示できる情報量が少ないため、ウィンドウが重なりやすくなり、ウィンドウの切り替え操作にかかる時間が長くなります。これは大変不便です。

この問題を完全に解決するには、デスクトップパソコンで大型のディスプレイを使うしかないのですが、**少しでも負担を軽減したいなら仮想デスクトップを使うといいでしょう**。仮想デスクトップとは、仮想的にデスクトップ画面を増やして表示領域を増やす技術です。デスクトップ画面が複数になるため、ウィンドウを大きく表示しても、ほかのウィンドウと重なりにくくなります。

デスクトップを新たに作りたいときは、⊞ + Ctrl + D を押します。そして、⊞ + Ctrl + ← または → で切り替えましょう。作成できるデスクトップの数には制限がありませんが、あまりたくさん作成すると管理しづらくなるので、使い終わったデスクトップは ⊞ + Ctrl + F4 で閉じておきましょう。

また、Win + Tab を押してタスクビューに切り替えると、画面上部に仮想デスクトップの一覧が表示されます。この画面を使って、マウス操作でデスクトップの作成や切り替えなどを行うことも可能です。

■ タスクビューで仮想デスクトップを操作する

❶ ⊞ + Tab を押す

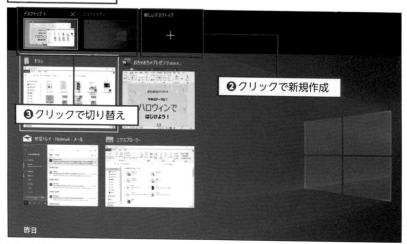

⊞ + Tab を押すと（❶）、タスクビューが表示される。[新しいデスクトップ] の [+] をクリックすれば、新しい仮想デスクトップを追加できる（❷）。作成済みのデスクトップはサムネイルで一覧表示され、クリックで切り替えが可能（❸）。不要になったデスクトップを閉じるには、サムネイルにマウスポインターを合わせ、右上に表示される [×] をクリックする

　ウィンドウを別の仮想デスクトップに移動するには、タスクビューで操作します。

■ ウィンドウを別のデスクトップに移動する

タスクビューを開き、移動したいウィンドウを別のデスクトップにドラッグ&ドロップする（❶）。移動先のデスクトップに切り替えると、そのウィンドウが表示される

COLUMN

何番目のデスクトップを表示中かを知るには

　仮想デスクトップの切り替えはショートカットキーを使えば瞬時にできて便利ですが、何番目のデスクトップを表示しているのかわからないのが難点です。作成したデスクトップの数が多くなるほど把握しづらくなり、操作に支障をきたすこともあります。タスクビューを表示すれば確認できますが、手間が増えるため、ショートカットキーを使って効率化した意味がなくなってしまいます。これを解消するには、「SylphyHorn」を利用してみましょう。何番目のデスクトップなのかが数字が表示され、ひと目で確認できます。さらに、デスクトップごとに別の壁紙を設定してわかりやすくすることも可能です。また、デスクトップの順番をショートカットキーで変更できる機能もあります。

　なお、このアプリはMicrosoftストアから入手できます。下記のURLにブラウザでアクセスするか、ストアで「SylphyHorn」を検索してダウンロードしましょう。

SylphyHorn
開発元：Manato KAMEYA
URL：https://www.microsoft.com/ja-jp/p/sylphyhorn/
9nblggh58t01
価格：無料

「SylphyHorn」を起動した状態でデスクトップを切り替えたところ。画面中央に「Desktop 3」と表示され、3番目のデスクトップであることがわかる。なお、この表示は数秒で自動的に消える

1 — 06

時短 10分

ファイル操作のスピードは すべてを決める!

ファイルを扱うために欠かせないツールがエクスプローラーです。高速に操作する方法をマスターすれば、ファイル管理を大幅に時短できます。

💻 必須ショートカットキーを覚えておく

Windowsのファイル操作においては、エクスプローラーはなくてはならないアプリです。**ファイルやフォルダーを開いたり整理したりする時間を短縮したいなら、エクスプローラーの操作速度を上げる工夫をしましょう**。それには、**ショートカットキーを覚えるのが一番の早道です**。

■ 必ず覚えたい最重要ショートカットキー

ショートカットキー	動作
⊞ + E	エクスプローラーを起動する (すでに起動している場合は新規ウィンドウが開く)
Ctrl + N	エクスプローラーのウィンドウをもう1つ開く (エクスプローラーがアクティブの場合のみ有効)
Alt → F → 1〜9	クイックアクセスに表示されているフォルダーを開く
Ctrl + Shift + N	新しいフォルダーを作成する
Alt + ↑	表示中のフォルダーの親フォルダーを開く
Alt + ←	直前に表示していたフォルダーに戻る
Alt + →	戻る前に表示していたフォルダーに進む
Enter	選択中のファイルを開く
Delete	選択中のファイルを削除する
F2	選択中のファイルの名前を変更する
Alt + Enter	選択中のファイルのプロパティを表示する

Point

エクスプローラーを起動した状態で ⊞ + E を押すと、起動時と同じ場所(通常はクイックアクセス)が新規ウィンドウで開きます。Ctrl + N の場合は、現在開いているウィンドウと同じ場所が新規ウィンドウで開きます。なお、⊞ + E はエクスプローラーがアクティブでない状態でも使えます。

Point　エクスプローラーのファイルやフォルダーの一覧にフォーカスがあれば、カーソルキーでそれらを選択できます。[Shift] を押しながらカーソルキーを押すと連続して選択可能なほか、[Ctrl] を押しながらカーソルキーを押し、選択したいファイルにフォーカスが来たところで[Space] を押すと、1つずつ選択できます。マウスやタッチパッドを扱いづらいときに使うと便利です。

　ただし、ショートカットキーも万能というわけではありません。たとえば、別のフォルダーへ素早く移動するにはエクスプローラーのアドレスバーを使うと便利ですが、その場合はマウスを使って操作します。

■ アドレスバーで親フォルダーへ移動する

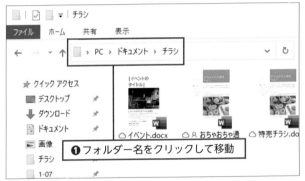

アドレスバーには、現在表示しているフォルダーの位置が表示されている。移動したいフォルダー名をクリックすれば、そのフォルダーに移動できる（❶）

■ アドレスバーの階層の区切りをクリックして移動する

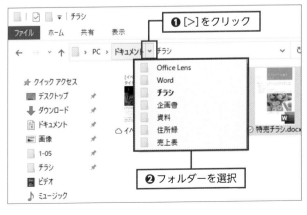

アドレスバーで階層の区切りにある ［>］ をクリックすると（❶）、そのフォルダー内にあるフォルダーが一覧で表示される。フォルダー名をクリックすれば、そのフォルダーに移動できる（❷）

■ 最近開いたフォルダーに移動する

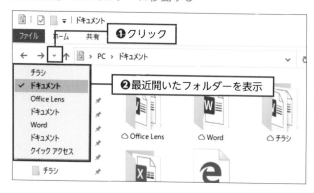

アドレスバーの横にある［∨］をクリックすると（❶）、最近開いたフォルダーが表示される（❷）。フォルダー名をクリックすれば、そのフォルダーに移動できる

COLUMN

フォルダーをクイックアクセスにピン留めする

　よく使うフォルダーはクイックアクセスにピン留めしておけば、フォルダーの移動が簡単にできます。進行中の案件のデータを保存したフォルダーをピン留めしておくと、表示するのにかかる時間が節約できます。

　なお、ピン留めしたフォルダーには、アドレスバーから移動することもできます。Alt + D を押してアドレスバーにフォーカスを移動し、フォルダー名の一部を入力すると候補が表示されるので、カーソルキーなどで選択します。

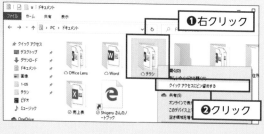

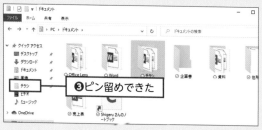

クイックアクセスにピン留めしたいフォルダーを右クリックし（❶）、［クイックアクセスにピン留めする］をクリックする（❷）。ナビゲーションウィンドウの［クイックアクセス］にフォルダーがピン留めされる（❸）

1 — 07

複数のファイル選択を
サクサク行うには

エクスプローラーでファイルやフォルダーを選択する方法を知っているか尋ねられれば、「もちろん知っている」という人がほとんどでしょう。では、一度に複数のファイルを選択する方法を5つ挙げることはできますか。

🖥 キーボードとの組み合わせを知っておく

エクスプローラーにおいて、ファイル選択はもっとも重要なテクニックです。たとえば、複数のファイルを選択するときはマウスで囲むようにドラッグするのが一般的ですが、この方法しか知らなければ時短への道は遠いでしょう。ここでは、より効率的に操作できる方法をいくつか紹介します。いずれも重要なので、必ず使えるようにしておきましょう。

まず覚えたいのが、フォルダー内のファイルなどすべてを選択する方法です。マウスを使ってドラッグしても選択できますが、**ファイル数が多いと大変なので、**[Ctrl] + [A] というショートカットキーを使います。

また、**連続したファイルを選択するには** [Shift] を組み合わせます。[Shift] を押しながらカーソルキーを押してもいいのですが、[Shift] とマウスやタッチパッドを組み合わせた操作のほうが直感的で便利です。

■ 複数のファイルを連続して選択する

選択範囲の起点となるファイルをクリックして選択する（❶）。終点となるファイルを Shift を押しながらクリックすると（❷）、起点と終点間にあるファイルがすべて選択される（❸）

連続していないファイルを選択するには、Ctrl とマウス操作を組み合わせます。

■ 複数のファイルを個別に選択する

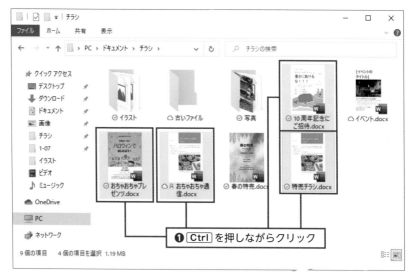

Ctrl を押しながら複数のファイルをクリックすると（❶）、連続していないファイルでもまとめて選択できる

もしキーボードで個別にファイルを選択したいなら、まず最初に選択したいファイルまでカーソルキーでフォーカスを移動したあと、Ctrl を押したまま、カーソルキーで移動して Space を押せば目的のファイルを選択できます。ただし、やや操作が面倒なので、あまりおすすめできません。

　次のテクニックはかなり重要です。多くのファイルが含まれたフォルダーで選択したくないファイルが少ない場合、**まず不要なファイルを選択しておき、選択と非選択を切り替える**方法が便利です。

■ 大量のファイルを素早く選択する

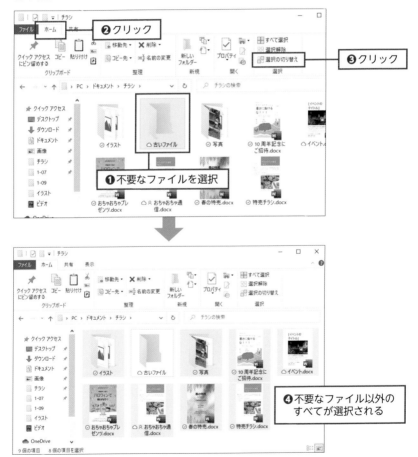

一部のファイルを除外して選択したい場合は、はじめに不要なファイルを選択する（**❶**）。［ホーム］タブの（**❷**）［選択の切り替え］をクリックすると（**❸**）、不要なファイル以外のファイルやフォルダーがすべて選択される（**❹**）

COLUMN

［選択の切り替え］をもっと高速に行う

前ページで紹介した［選択の切り替え］は大量のファイルを選択するときに便利ですが、残念ながらショートカットキーが割り当てられていません。毎回リボンでクリックするのは面倒なので、もっと簡単に操作できる方法を知っておきましょう。

1つは、アクセスキーを使う方法です。アクセスキーとは、リボンのコマンド（機能）をキー操作で呼び出すための機能で、ショートカットキーが割り当てられていない操作もマウスを使わずに実行できます。［選択の切り替え］の場合、ファイルを選択したあとで Alt → H → S → I の順にキーを押します。

もう1つは、エクスプローラーのウィンドウ左上に表示される「クイックアクセスツールバー」を使う方法です。まず、下図の手順で［選択の切り替え］をクイックアクセスツールバーに追加しましょう。すると、Alt ＋ 数字キーで素早く実行できるようになります。

アクセスキーとクイックアクセスツールバーはほかの機能でも利用できるので、この2つを覚えておけばエクスプローラーのたいていの操作はさらに時短できます。

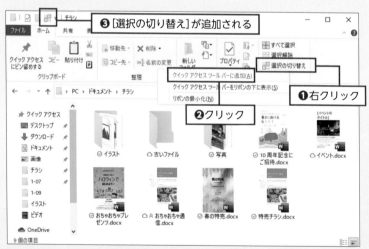

［ホーム］タブの［選択の切り替え］を右クリックし（❶）、［クイックアクセスツールバーに追加］をクリックする（❷）。［選択の切り替え］のアイコンがクイックアクセスツールバーに追加され（❸）、Alt → 数字キーで実行可能になる。数字キーはアイコンが何番目にあるかで決まるが、わからない場合は Alt キーを押して表示される数字を確認しよう

1ー08

キーボードでファイルを
確実にコピー・移動する

マウスを使えばファイルのコピー・移動は簡単ですが、ミスが生じやすいという問題があります。目的のフォルダーの隣にコピーしてしまったり、コピーの代わりに移動してしまったりしがちです。これを避ける方法を知っておきましょう。

💻 ファイル操作を確実にするキーボードテク

エクスプローラーでコピーや移動を行うとき、ウィンドウを2つ開いて目的のファイルをコピー・移動先にドラッグ&ドロップするのが一般的でしょう。このとき、コピーになるか移動になるかはドラッグ&ドロップ先が異なるドライブかどうかで決まります。**確実にコピーしたいなら Ctrl 、移動したいなら Shift を押しながらドラッグ&ドロップします。**

また、キーボードを使うなら Ctrl + C → Ctrl + V でコピー、Ctrl + X → Ctrl + V で移動できますが、コピー元のウィンドウとコピー先のウィンドウを切り替えながら操作する必要があります。**1つのウィンドウで操作を完結させたいなら、アクセスキーを使います。**

■ キーボードで［ホーム］タブを開く

コピーまたは移動したいファイルやフォルダーを選択し（❶）、 Alt → H を押す（❷）

■ アクセスキーでコマンドを開く

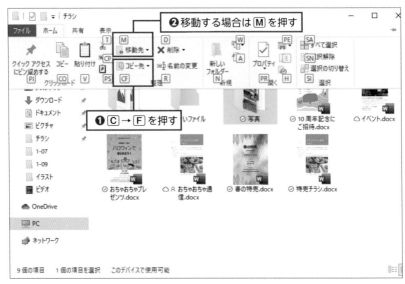

コピーする場合は、⬚C→⬚Fの順に押す（❶）。移動する場合は⬚Mを押す（❷）

■ コピー先のフォルダーを一覧から選択する

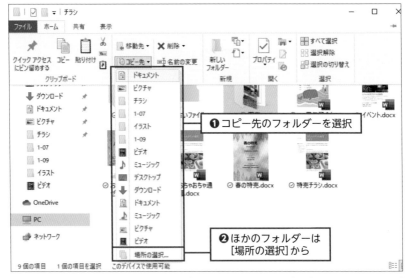

クイックアクセスに登録されているフォルダーや最近開いたフォルダーが表示されるので、コピー先のフォルダーを⬚↑⬚↓で選択して⬚Enterを押す（❶）。一覧に目的のフォルダーがない場合は、[場所の選択]を選択して⬚Enterを押す（❷）

■ コピー先のフォルダーをすべての場所から選択する

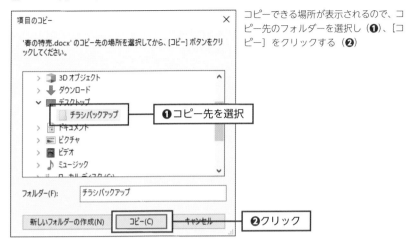

コピーできる場所が表示されるので、コピー先のフォルダーを選択し（**❶**）、［コピー］をクリックする（**❷**）

　ここまでの手順で、キーボードでのコピー・移動ができるようになりましたが、これだけでは不十分です。**コピー先や移動先をもっと簡単に表示できるように、クイックアクセスツールバーにコマンドを追加します**。これにより、エクスプローラーでファイルなどを選択後、[Alt] → 数字キーを押すだけでサクサクとコピー・移動が可能になります。決まったフォルダーにファイルを移動する頻度が高いほど、効果が期待できます。

■ クイックアクセスツールバーにコマンドを登録する

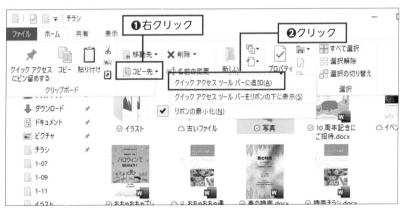

［ホーム］タブの［コピー先］を右クリックし（**❶**）、［クイックアクセスツールバーに追加］をクリックする（**❷**）

コピーしたいファイルやフォルダーを選択し（❶）、Alt → ［コピー先］に割り当てられた数字キー（ここでは 3）を押す（❷）。表示される一覧から ↑↓ でフォルダーを選択して Enter を押すと（❸）、そのフォルダーへコピーできる

Point

ここでは［コピー先］をクイックアクセスツールバーに追加する手順を説明しましたが、同様の方法で［移動先］も追加しておくと便利です。なお、クイックアクセスツールバーに追加したコマンドが不要になった場合は、アイコンを右クリックして［クイックアクセスツールバーから削除］を選択すれば削除できます。

1 — ⑨

時短 5分

フォルダー表示はファイルの種類に合わせて変更する

エクスプローラーでのファイルやフォルダーの表示方法は8種類から選択できます。ここでは、最適なレイアウトの選び方や設定方法を解説します。

💻 レイアウト選択は自分なりの基準を決めておく

エクスプローラーの表示方法（レイアウト）は8種類あり、好きなものを選択できます。**ファイルの種類や数、操作手段によって最適なものを選択することで、より快適な操作が可能になります。**

画像ファイルやPDFなどの中身を縮小表示したい場合は「特大アイコン」または「大アイコン」を選択すべきです。フォルダー内にファイルなどをなるべく多く表示したいなら「一覧」や「詳細」、マウス操作が多ければあまり小さく表示せず、「並べて表示」や「コンテンツ」をうまく使うのがおすすめです。

■ フォルダーのレイアウトを変更する

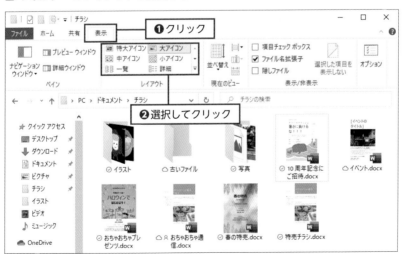

レイアウトを変更するフォルダーを開き、[表示] タブをクリック（❶）。[レイアウト] グループで変更するレイアウトをクリックすると（❷）、フォルダーのレイアウトが切り替わる

■ レイアウトを「詳細」にした場合

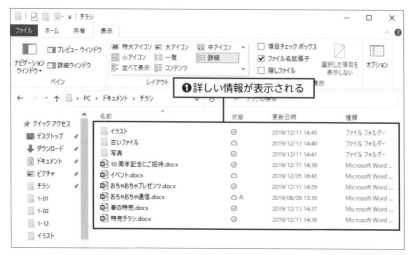

フォルダーのレイアウトで［詳細］を選択した場合、ファイルやフォルダーの名前だけでなく、更新日時や種類などの詳しい情報が表示される（❶）

 COLUMN

「詳細」の表示項目を変更するには

　レイアウトを「詳細」に設定すると、ファイル名・更新日時・ファイルの種類・ファイルのサイズが表示されますが、これらの項目は必要に応じて変更することもできます。

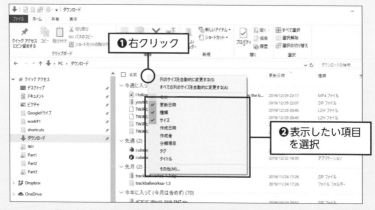

ファイル一覧の上にある表示項目名を右クリックし（❶）、メニューから表示したい項目をクリックしてチェックを付ける（❷）

ファイル名は「気分」で付けてはダメ!

扱うファイルの数が少なければ、ファイル名を適当に付けても支障はないかもしれません。しかし、たくさんのファイルを扱っている環境で、ファイルの命名ルールが明確でないと、目的のファイルを見つけられなくなってしまいます。

ファイル名に含めるべき情報は何か

　大量のファイルを取り扱う際、あるいはファイルを自分以外と共有する場合、ファイルの命名ルールが重要となってきます。気分次第で適当に命名していると、ファイルが増えるにつれて探しづらくなってきます。

　ファイル名に含めるべき情報は、フォルダー構造にもよりますが、日付、取引先名、案件名、担当者名、内容などです。このうち、業務に必要なものを選んで組み合わせるといいでしょう。ただ、前提として日付は含めておくのがおすすめです。ファイルの作成日で並べ替えが可能だから不要だと思うかもしれませんが、エクスプローラーのレイアウト次第によっては表示されないので、ファイル名に含まれていたほうがベターでしょう。

　また、**ファイル名には、全角・半角を問わず、スペースを含めないようにします**。ソートしたときに意図した順番にならないことが出てくるためです。ファイル名を途中で区切りたいときは、アンダースコアやハイフンを使います。そのほか、英数字は半角で統一しておきましょう。全角と半角の数字が混在していると、正しい順番でソートできません。

ATTENTION!

ファイル名やフォルダー名には、半角の「¥」「/」「:」「*」「?」など、使用できない文字もあります。これらの文字を入力するとエラーが表示されるので、別の名前に変更しましょう。どうしても使いたい場合は、半角でなく全角にするとよいでしょう。なお、全角の「／」は、ファイル名を区切るときに使うと便利です。

🖥 明確なルールを決めて遵守する

　ファイル名について決めるべき、守るべきルールはほかにも数多くあります。たとえば、①作成日の年は4桁にするのか、2桁にするのか、②作成日は日にちまで入れるのか、月までとするのか、③作成日をファイル名の先頭に入れるのか、最後に入れるのかなどです。細かいことのようですが、いずれも**統一されていないと、ファイル管理に深刻な支障が出てきます**。面倒に思えるかもしれませんが、これらのルールを考えて徹底することで、ファイル管理の手間やミスを大きく軽減できます。

　もし情報を盛り込んだためにファイル名が長くなりすぎてしまうようなら、**フォルダー名に一部の情報を移して階層化し、ファイル名を短くする**ことも可能です。たとえば「取引先名」→「案件名」→「ジャンル」という階層でフォルダーを作成し、その中にファイルを保存すれば、ファイル名が短くても情報を把握できるはずです。

■ フォルダーをうまく使ってファイル名を短縮

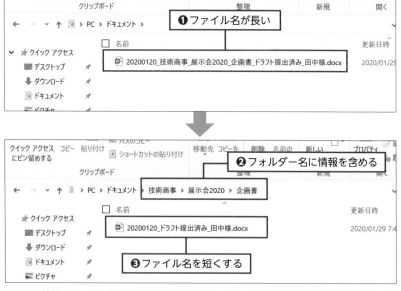

すべての情報をファイル名に含めると非常に長くなってしまう（❶）。取引先名や案件名などの情報はフォルダー名でわかるようにすると（❷）、ファイル名を短縮できる（❸）。ただし、ファイルを別のフォルダーへ移動・コピ　すると情報がわからなくなってしまうので注意

1—⑪

時短
10分

使いやすいアプリで
ファイルを素早く開く

ファイルをダブルクリックしたときにどのアプリで開くかは、「関連付け」という仕組みで決まっています。別のアプリで開きたいときは、関連付けを変更します。

ファイルの関連付けを変更する

Windowsでファイルを開きたいときは、マウスでダブルクリックするか、選択して Enter を押します。このとき使われるアプリは、原則として拡張子ごとに決まっています。**別のアプリで開くようにしたい場合は、関連付けの設定を変更する必要があります**。たとえば、画像ビューアーやテキストエディターを試しにインストールしてみたときに関連付けを変更してしまったが、元に戻したいときなどは、ここで紹介する手順を実行してみましょう。

ATTENTION！

エクスプローラーで拡張子が表示されていないと、ファイルの種類がわかりにくいので非常に不便です。非表示になっている場合は、リボンの [表示] タブで [ファイル名拡張子] にチェックを付け、必ず表示しておきましょう。

■ プロパティのダイアログを表示する

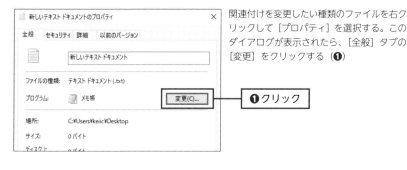

関連付けを変更したい種類のファイルを右クリックして [プロパティ] を選択する。このダイアログが表示されたら、[全般] タブの [変更] をクリックする (❶)

❶クリック

■ アプリを選択する

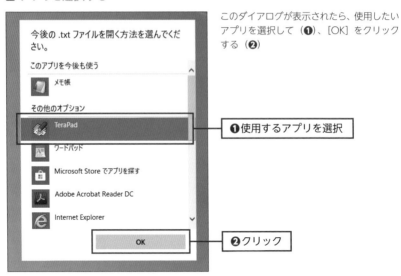

このダイアログが表示されたら、使用したいアプリを選択して（❶）、[OK] をクリックする（❷）

❶使用するアプリを選択

❷クリック

COLUMN

画像ファイルには「XnView」を関連付けるのがおすすめ

　Windows 10では、画像ファイルを開くと「フォト」アプリが起動します。しかし、「フォト」アプリでは起動に時間がかかり、サクサクと画像を確認できません。画像ファイルを開くことが多い人は動作が軽快で機能も充実した、「XnView」をインストールして関連付けておくのがおすすめです。

XnView Classic
開発元：Pierre-e Gougelet
URL：http://www.xnview.com/
価格：個人利用無料、商用利用（1ライセンス）29ユーロ

1−⑫

時短
10分

作成したファイルが
どうしても見つからない!

保存したはずのフォルダーにファイルが見つからないとき、あちこち探し回るより、エクスプローラーで検索したほうが早く見つかるはずです。ユーザーフォルダー内のデータなら、ファイル名にキーワードが含まれていなくても、ファイルの内容まで検索できるので確実です。

エクスプローラーでキーワード検索する

Windowsには「Windowsサーチ」と呼ばれる検索機能が搭載されており、エクスプローラーの検索ボックスを使って簡単にファイルを検索できます。**ファイル名だけでなく、ファイルの内容に含まれるテキスト情報も検索対象になる**ため、たとえば本文に「企画」という単語を含む文書を探すといったことができます。また、ファイルの種類やサイズ、更新日などの条件で絞り込む機能もあり、検索結果が大量に表示された場合でも効率よく目的のファイルを見つけられます。

なお、ファイルの検索はエクスプローラーのほかにデスクトップの検索ボックスから行うこともできます。特定のフォルダーではなくパソコン全体から検索したい場合は、この方法を使うとよいでしょう。

■ キーワードを入力して検索する

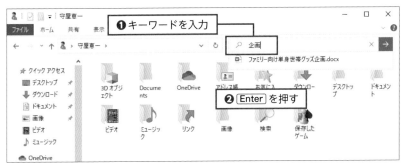

エクスプローラーで検索したいフォルダーを開き、右上にある検索ボックスにキーワードを入力して（❶）、[Enter]を押す（❷）

■ 検索結果を絞り込む

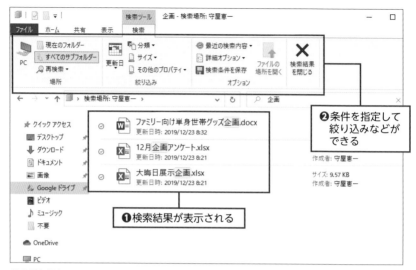

❷条件を指定して絞り込みなどができる

❶検索結果が表示される

検索が実行され、ファイル名や文書内のテキストなどにキーワードを含むファイルが表示される（❶）。画面上部の［検索］タブで、条件を指定して検索結果を絞り込むことも可能（❷）

Point

OneDriveを含むユーザーフォルダー全体を検索対象にする場合は、アドレスバーの先頭（アイコンの右）にある［>］または［<<］をクリックし、ユーザー名の付いたフォルダーを選択します。ユーザーフォルダーとは、各ユーザーの個人用ファイルが保存される場所で、通常は「C￥Users￥＜ユーザー名＞」にあります。

💻 インデックスの範囲を広げて検索を高速化する

　Windowsサーチでは、あらかじめファイルをインデックス化（ファイル情報をチェックして目次のようなデータにまとめること）して検索を高速化する仕組みになっています。ただし、標準の設定ではユーザーフォルダー内のファイルだけがインデックス化の対象となっているため、それ以外のフォルダーから検索する場合は時間がかかります。**ユーザーフォルダー以外の場所も高速に検索したいなら、その場所を「インデックスのオプション」で追加しておきましょう。**外付けハードディスクにデータを保存している場合は必須の設定です。

■ [インデックスのオプション] を表示する

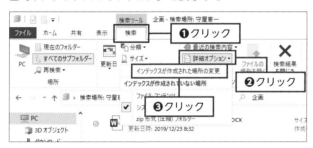

[検索] タブ（❶）の[詳細オプション]をクリックし（❷）、[インデックスが作成された場所の変更]をクリックする（❸）

■ インデックスを作成する場所を追加する

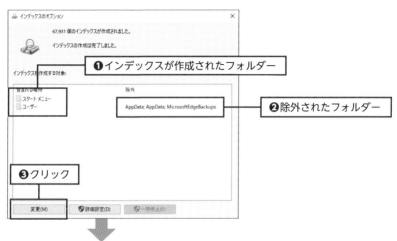

[インデックスのオプション] 画面が表示される。この画面では、現在インデックスが作成されているフォルダー（❶）と除外されているフォルダー（❷）が表示される。インデックスを作成するフォルダーを追加するには [変更] をクリックし（❸）、インデックスを作成するフォルダーにチェックを付け（❹）、[OK] をクリックする（❺）

データのバックアップを取っておきたい

大切なデータを別の場所にコピーして保存しておくバックアップは重要です。バックアップがあれば、元のデータに何か問題が起きても簡単に復旧できるからです。バックアップの保存場所は、OneDriveなどのオンラインストレージを利用するのが簡単で便利です。

🖥 オンラインストレージと同期する設定が便利

　パソコンの故障などの緊急時に備えて、重要なファイルをバックアップしておくことは仕事を円滑に進めるうえで必須です。

　バックアップの保存先としては、外付けハードディスクやCD/DVD-R、メモリーカードなどが考えられますが、定期的にバックアップを行う手間や、メディアの劣化や紛失といった懸念もあります。

　その点、**OneDriveやGoogleドライブなどのオンラインストレージをバックアップ先として利用すれば、ファイルの変更や追加が行われた際、自動的にデータがコピーされるので手間がかかりません**。また、マイクロソフトやグーグルといった大企業が運営するサービスであれば、データ消失のリスクも非常に小さいでしょう。

　ここでは、まずOneDriveを使ってファイルをバックアップする方法を説明します。Windows 10なら標準機能だけでバックアップが可能なので、手軽に利用できるのがメリットです。

　また、OneDriveには「ファイルオンデマンド」という機能があります。この機能を使えば、ファイル本体をパソコン側には保存せず、オンライン（OneDriveのサーバー）のみに保存されるように設定できます。オンラインのみに保存したファイルもエクスプローラーには表示され、そのファイルを開こうとすると自動的にダウンロードされる仕組みです。使い勝手を損なわずにパソコンのストレージ容量を節約できるので、空き容量に余裕がない場合に活用すると便利です。ただし、インターネットに接続していないときはファイルが使えないので注意しましょう。

■ OneDriveの設定画面を表示する

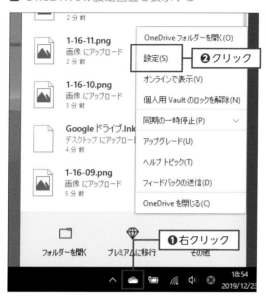

通知領域のOneDriveアイコンを右クリックし（❶）、[設定] をクリックする（❷）

■ バックアップするフォルダーを選択する

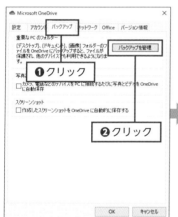

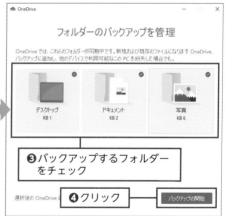

[バックアップ] タブを開き（❶）、[バックアップを管理] をクリックする（❷）。表示された画面でバックアップするフォルダーにチェックを付け（❸）、[バックアップの開始] をクリックする（❹）

■ バックアップを確認する

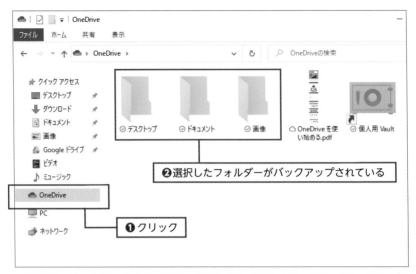

エクスプローラーで［OneDrive］をクリックする（❶）。選択したフォルダーがバックアップされている（❷）

■ バックアップしたフォルダーをオンラインにのみ保存する

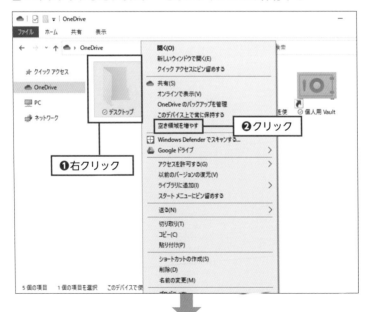

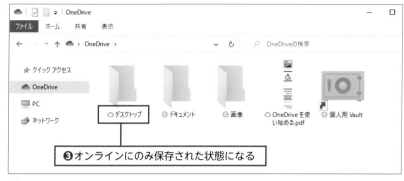

❸ オンラインにのみ保存された状態になる

パソコンに保存されているフォルダーやファイル（チェックアイコンが付いているもの）を右クリックし（❶）、［空き容量を増やす］をクリックする（❷）。フォルダーやファイルのアイコンが雲形に変わり、オンラインにのみ保存された状態になる（❸）

🖥 Googleドライブを使ってバックアップする

　バックアップ先としてGoogleドライブを利用する場合には、グーグル製の「バックアップと同期」という専用アプリをインストールして、バックアップしたいフォルダーなどの設定を行う必要があります。

■「バックアップと同期」をインストールする

「バックアップと同期」（https://www.google.com/intl/ja_ALL/drive/download/backup-and-sync/）にアクセスし、［バックアップと同期をダウンロード］をクリックしてダウンロード後にインストールする

■「バックアップと同期」でバックアップを開始する

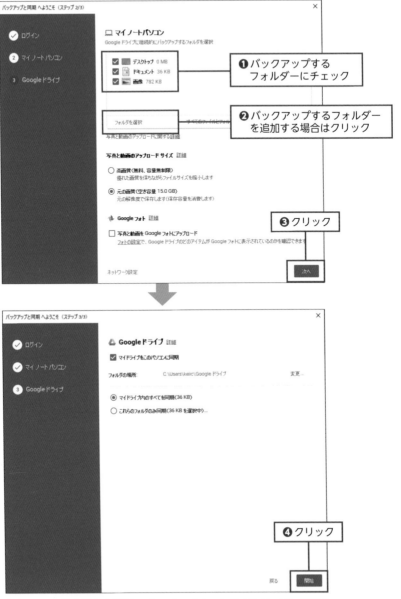

「バックアップと同期」を起動し、Googleアカウントでログインする。画面の指示にしたがって進めていくと、フォルダーの選択画面が表示されるので、バックアップするフォルダーにチェックを付ける（❶）。フォルダーがない場合は、［フォルダを選択］をクリックしてフォルダーを追加する（❷）。フォルダーを選択できたら［次へ］をクリックし（❸）、［開始］をクリックする（❹）

■ バックアップを確認する

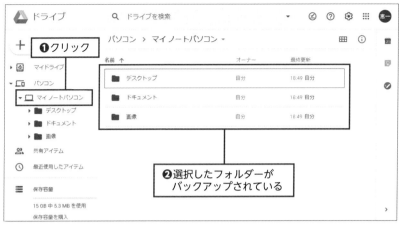

Googleドライブ（https：//drive.google.com/）にアクセスし、ログインする。[パソコン]
内にあるパソコン名をクリックすると（❶）、選択したフォルダーがバックアップされている（❷）

📺 ATTENTION !

グーグルが提供する企業向けのサービス「G Suite」を利用している場合は、「バックアップと同期」ではなく「Googleドライブファイルストリーム」を使います。

COLUMN
OneDriveとGoogleドライブのどちらを使うべきか

　OneDriveとGoogleドライブの両方とも、ビジネスに活用できるオンラインストレージです。これから本格的に使い始めたいとき、どちらを選べばいいのでしょうか。

　ファイルのバックアップにしか使わないのであれば、どのオンラインストレージでも、あまり違いはありません。ただ、仕事ではWindowsしか使わず、GoogleスプレッドシートなどGoogleのビジネス向けサービスを使わないのであれば、OneDriveのほうが使い始めやすいといえます。

　一方、さまざまなOSを業務に使用していたり、Googleスプレッドシートでデータを共有したりするなら、Googleドライブのほうがベターです。また、オンラインストレージ上に文字情報の入ったデータを保存するなら、検索機能の優れたGoogleドライブを選択すべきでしょう。

1—⑭

時短 10分

不要なファイルを捨ててはダメ!

もう使わないと思って削除したファイルが、あとから必要になって困った経験は誰しも一度くらいはあるでしょう。かといって、何でもかんでも残しておくと、パソコンのストレージの空き容量が不足していまいます。そこで、ファイルの「断捨離」を行う際の、後悔しない方法を紹介しておきます。

📒 削除候補を入れておくフォルダーを作成する

不要なファイルは「ごみ箱」に入れて削除するのが一般的です。「ごみ箱」を空にしない限り完全には消去されないので、あとで必要になったら元に戻せばいいと考えている人も多いでしょう。しかし、「ごみ箱」の容量が上限を超えた場合などは古いファイルから順に消去されます。また、うっかり「ごみ箱を空にする」を実行してしまう可能性もあります。

このような失敗を防ぐには、**削除候補を入れておくフォルダーを作成し、その中を時系列で整理しておく**とよいでしょう。そうすれば、再びファイルが必要になったらいつでも取り出すことができ、完全に不要になったときは一括で削除できるので便利です。

なお、パソコンの内蔵ストレージに余裕がない場合、むやみにファイルを削除するのではなく、外付けハードディスクやオンラインストレージに移動させるのがおすすめです。

■ [不要] フォルダーに削除候補のファイルを保存

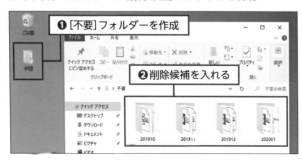

デスクトップなどのわかりやすい場所に [不要] フォルダーを作成し（❶）、その中に削除候補のファイルを一時的に保存する（❷）。いつ入れたファイルかわかるように、年月ごとにフォルダーに分けておくとよい

第 **2** 章

入力操作を確実・快適
にして表現力を磨く

本章では、主にウィンドウ操作と文字入力に関するテクニックを集めました。ウィンドウ操作は、できるだけキーボードから手を離さず、可能な限りキー操作だけで済ませるのが原則です。たとえば、ウィンドウの切り替えや最小化などはマウス操作だと小さなアイコンやボタンをクリックしなければなりませんが、キー操作ならショートカットキーで一発です。

また、文字入力はいろいろな要素があって、一筋縄ではいきません。そもそも日本語は世界の言語の中で文法こそそれほど難しくはないものの、漢字・ひらがな・カタカナ・英字を使い分けねばならないため、文字体系の複雑さではトップクラスです。そのためもあって、「これさえ覚えれば日本語入力はうまくいく」というテクニックは存在しません。1ついえるのは、文字入力の時短を目指すなら、タイプする文字数や時間をできるだけ短くする工夫が重要です。本章後半で述べた定型文の高速入力方法（特にスニペット）と音声入力をうまく使えば、作業環境によっては大幅な時短を実現できます。利用できる環境に若干の制約がありますが、ぜひ検討してみてください。

2 — ⓪1

時短 30分

ショートカットキーは覚えてはいけない!

パソコン仕事の時短といえば、とにかくたくさんショートカットキーを覚えることが必須だと思い込んでいる人もいるかもしれません。しかし、実は闇雲にショートカットキーを覚えても仕方がないのです。

🖥 マウス操作を順次キーボードに置き換えていく

ショートカットキーが便利な仕組みであることは、言うまでもありません。マウスでメニューやリボンのあちこちをカチカチやるよりも、キー操作1つで済ませるほうがずっと簡単で、短時間に作業が終わります。そのため、「ショートカットキーを覚えて使いこなすだけで時短できる」と喧伝されることもあります。

しかし、本当にそうでしょうか。確かに、Ctrl + C のように**毎日頻繁に利用するものであれば、ショートカットキーによる時短効果は大きいですが、使用頻度の低いものまで覚えても時短には大して影響がありません**。あまり使わないショートカットキーを覚えても、同僚に自慢するくらいしかメリットがないでしょう。

また、キー操作を覚えたり思い出したりするのにかかる時間や労力も無視すべきではありません。使用頻度が低ければ、勘違いしてミスするリスクも大きくなります。「ショートカットキー至上主義」はパフォーマンスとしては否定しませんが、実務上はむしろ有害です。ただし、ショートカットキーを使うことそのものを否定するつもりはありません。時短につながるようなやり方で積極的に使っていくべきなのです。

問題は「どのショートカットキーを覚えるのか」に尽きます。これに対する答えはシンプルで、「よく使う操作に割り当てられたものから覚える」です。つまり、**毎日の作業で頻繁に行っているマウス操作があれば、それをキー操作に置き換えていく**のです。マウスであちこちのボタンをカチカチやっているのをショートカットキーで実行します。そうすると、ショートカットキーを覚えるまでの時間も思い出す時間も短くて済むでしょう。

ウィンドウの切り替え時は
マウスに触らない

複数のウィンドウを開いているときは、切り替えなどが素早くできないと作業効率が悪くなってしまいます。いちいちマウスは使わず、キーボード操作だけで行うとスピードが格段にアップします。

キー操作でウィンドウの切り替えを素早く実行

　仕事でパソコンを使う場合、複数のウィンドウを開くことが多くなります。たとえば、資料のPDFを見ながら、ブラウザで最新の情報を検索し、ワードで文書を作成するといったケースでは、3つのウィンドウを切り替えながら作業を行うことになります。切り替えはマウス操作でもできますが、ウィンドウのサイズや重なり具合によっては使いにくいものです。

　そこでおすすめなのが、**キーボード操作だけでウィンドウを切り替える**「**Windowsフリップ**」です。Alt ＋ Tab を押すと開いているウィンドウの一覧がサムネイルで表示され、Alt を押したまま Tab を使って目的のウィンドウを選択するだけで簡単に切り替えられます。マウス操作よりもずっと効率的で、背面に隠れているウィンドウも素早く選択できます。

　ただし、Windowsフリップでは Alt から指を離すとすぐにサムネイルが消えてしまうため、たくさんのウィンドウを開いている場合などは操作しづらいこともあります。そんなときは Ctrl ＋ Alt ＋ Tab を押しましょう。この方法ならキーから指を離してもサムネイルの一覧が表示されたままになり、Tab でウィンドウを選択して Enter を押せば、そのウィンドウがアクティブになります。

Point

仮想デスクトップの管理に使うタスクビュー（25ページ参照）は、同じデスクトップ上でウィンドウを切り替えるときに使うこともできます。■ ＋ Tab を押してタスクビューを表示し、← → で使いたいウィンドウを選択して Enter を押せば、そのウィンドウに切り替わります。

■ Windowsフリップでウィンドウを切り替える

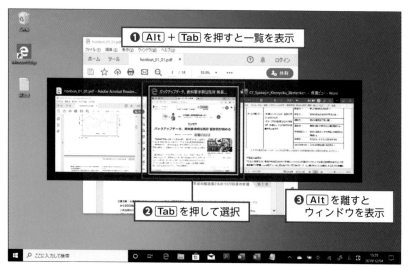

Alt + Tab を押すと、開いているウィンドウの一覧がサムネイルで表示される（❶）。 Alt を
押したまま Tab を押してウィンドウを選択し（❷）、 Alt を離すとそのウィンドウを表示でき
る仕組みだ（❸）

■ ウィンドウの数が多いときは一覧を固定

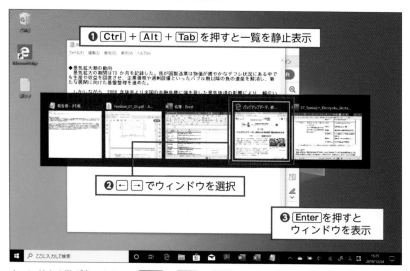

ウィンドウの数が多いときは、 Ctrl + Alt + Tab を押すと、サムネイル一覧を表示したま
まにできる（❶）。 ← → でウィンドウを選択し（❷）、 Enter を押すとそのウィンドウを表示で
きる（❸）

複数のウィンドウを開いているときにデスクトップを確認したいときは、すべてのウィンドウを最小化する必要があります。マウスだと面倒な操作が必要ですが、キーボード操作なら ⊞ + D を押すだけで全ウィンドウを瞬時に最小化できます。

すべてのウィンドウを一瞬で最小化

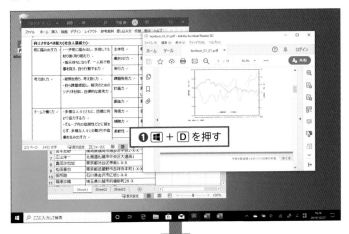

⊞ + D を押すと（❶）、開いていたすべてのウィンドウが一瞬で最小化される（❷）。再び ⊞ + D を押すと、元のウィンドウの状態に戻せる

　また、アクティブウィンドウだけを残して、ほかのウィンドウを最小化したい場合は ⊞ + Home を使います。

■ アクティブ以外のウィンドウを最小化

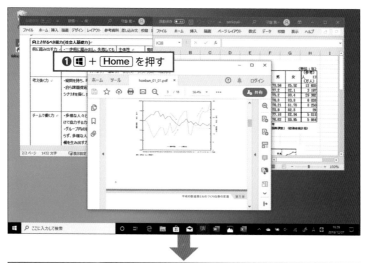

❶ ■ + Home を押す

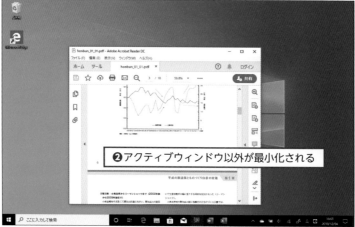

❷アクティブウィンドウ以外が最小化される

■ + Home を押すと（❶）、アクティブウィンドウだけを残して、ほかのウィンドウ
が最小化される（❷）。再び ■ + Home を押すと、元のウィンドウの状態に戻せる

Point

Ctrl + W を押すとウィンドウを閉じることができます。ただし、
ブラウザでは開いているタブだけが閉じるなど、アプリによって挙
動が若干異なります。たとえば、オフィスアプリで1つのファイル
しか開いていない場合は、ファイル自体は閉じられるものの、アプ
リは起動したままになります。

ウィンドウのサイズ変更や 移動をキーボードで行うには

通常、ウィンドウのサイズ変更や移動は、マウスやトラックパッドなどポインティングデバイスで行うほうが便利です。しかし、マウスがない、トラックパッドが小さくて使いづらいなどの問題があれば、キーボードで操作する方法を試してみると便利でしょう。

💻 ウィンドウのサイズや位置を自在に調整

　ウィンドウの移動やサイズ変更はマウス操作で行うのが一般的ですが、文書の作成中にウィンドウを動かしたいときなど、わざわざマウスに持ち替えるのは非効率的です。また、精度の低いマウスやトラックパッドを使っている場合、ウィンドウの端や隅にマウスポインターを合わせるのに手間取ってしまうこともあるでしょう。

　こうした問題を解消するには、**ショートカットキーを使ってウィンドウを操作する**のがおすすめです。移動やサイズ変更のほか、最大化や最小化などの操作もショートカットキーで実行できます。マウスを使う場合に比べると直感的な操作とは言い難いので、覚えるまで多少時間がかかるかもしれませんが、慣れてしまえば非常に便利です。マウスを使う回数を大幅に減らすことができ、作業の効率化に役立ちます。ショートカットキー中心の操作で時短を目指すなら、ぜひウィンドウの操作もキーボードだけでできるようにしておきましょう。

Point

ショートカットキーでウィンドウを移動するテクニックは、効率化以外の面でも役に立つことがあります。何かの弾みでウィンドウのタイトルバーがデスクトップの外に出てしまった場合、タイトルバーをドラッグして移動することはできないため、マウス操作だと大変困ったことになります。しかし、ショートカットキーさえ知っていれば、このような場合でも簡単にウィンドウの移動が可能です。

ウィンドウを移動するには、Alt + Space → M を押し、カーソルキーで方向を指定します。右方向へ移動させるなら →、下方向なら ↓ です。位置が決まったら Enter を押すと確定できます。

■ キー操作でウィンドウを移動する

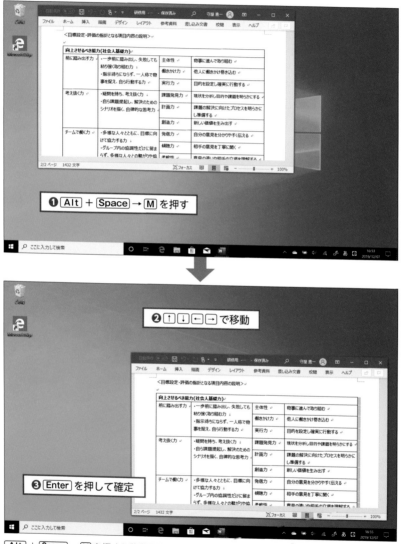

Alt + Space → M を押すと移動可能な状態になるので（❶）、↑↓←→ を押して、好きな位置へ移動すればよい（❷）。位置が決まったら、Enter を押せば位置が確定する（❸）

ウィンドウサイズの変更は、[Alt] + [Space] → [S] を押したあとにカーソルキーで行います。カーソルキーを1回押すたびに少しずつ拡大／縮小するので、微妙な調整も簡単です。

■ キー操作でウィンドウサイズを変更する

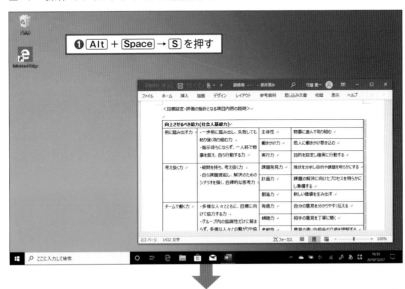

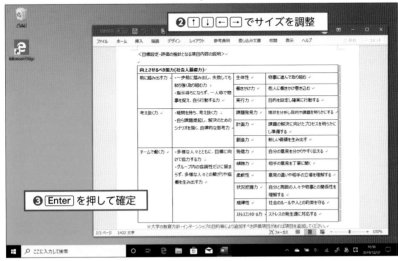

[Alt] + [Space] → [S] を押すと変更可能な状態になるので（❶）、[↑][↓][←][→]を押して、ウィンドウサイズを調整する（❷）。サイズが決まったら、[Enter] を押せば確定する（❸）

ウィンドウの最大化と最小化もキーボード操作で行えます。⊞と上下の
カーソルキーを組み合わせるだけなので簡単です。また、[Alt]+[Space]
と文字キーの組み合わせで同様の操作を行うショートカットもあるので、使
いやすいほうを覚えておくとよいでしょう。

■ 最大化・最小化などのショートカットキー

キー操作	動作
⊞+[↑] または [Alt]+[Space]→[X]	最大化
⊞+[↓] または [Alt]+[Space]→[N]	最小化
⊞+[Shift]+[↑]	ウィンドウの高さを最大化
⊞+[Shift]+[↓] または [Alt]+[Space]→[R]	元のサイズに戻す

ウィンドウを自動整列できるスナップ機能も、キーボード操作で素早く
実行できます。⊞と左右いずれかのカーソルキーを押すだけで、デスクト
ップの左半分または右半分にウィンドウが移動します。さらに、続けて⊞
と上下いずれかのカーソルキーで高さが半分になります。

■ スナップ機能をキー操作で使う

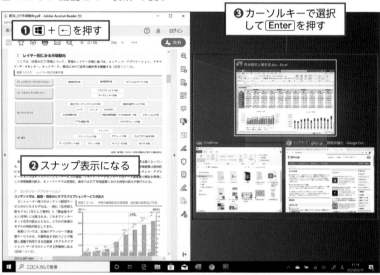

⊞+[←]を押すと（❶）、アクティブウィンドウが左半分に配置され、スナップ表示に切り替
わる（❷）。右側にほかのウィンドウのサムネイルが表示されるので、カーソルキーで選択し
て[Enter]を押すと（❸）、右半分にスナップ表示される

時短
5分

文字選択にかかる時間を半分にする!

マウス操作だけではミスが起こりやすい文字選択も、キーボードを使えば高速化が可能です。また、マウス操作の場合はダブルクリックやトリプルクリックを使うと、目的の文字列を的確に選択できます。

Shift とカーソルキーで文字を選択

文章の作成や編集作業には文字のコピーや貼り付けが欠かせませんが、その際に必要となるのが文字選択です。マウスやトラックパッドで文字をドラッグして選択する方法では、意図した範囲をうまく選択できない場合もあり、意外と使いづらいものです。

そんなときは、**キーボードで操作してカーソルを動かし、Shift とカーソルキーを押せば素早く文字を選択できます**。← → で左右の文字を選択できるのはもちろん、↑ ↓ で上下の文字列を行単位で選択できるのもポイントです。

■ 選択したい文字列の前にカーソルを移動

★現地検討会の報告

●少子高齢化の課題について

❶ カーソルを移動

　少子高齢化の進展、生産年齢人口の減少により規模の縮小、労働力不足、我が国の投資先としての低下、医療、介護費の増大など社会保障制度の、財政の危機、基礎的自治体の担い手の減少などが深刻化することとなる。

❷ Shift + → を押す

　人口減少時代の課題は国レベルだけではない。と言われるような長い人生を、いかに有意義に過ている。また、人口が減少する中で、経済社会水た労働力でより多くの付加価値を生み出し、一人

文字選択を開始したい部分にカーソルを合わせ（❶）、Shift + → を押す（❷）

■ カーソル右側の文字が選択される

★現地検討会の報告

●少子高齢化の課題について

　少子高齢化の進展、生産年齢人口の減少により
規模の縮小、労働力不足、我が国の投資先として
の低下、医療・介護費の増大など社会保障制度の
、財政の危機、基礎的自治体の担い手の減少など
が深刻化することとなる。

　人口減少時代の課題は国レベルだけではない。
と言われるような長い人生を、いかに有意義に過

❶右側の文字が選択される

カーソルの右側の文字が選択された（❶）。選択範囲は → を押した分だけ
右側に拡大できる

　同様にして、[Shift] + [←] でカーソルの左側を選択できます。[↑] または
[↓] で行単位での選択も可能です。

マウスによる文字選択の必須テクニック

　マウスで文字を選択する場合にぜひ覚えておきたいのは、ダブルクリッ
クとトリプルクリックです。基本的には、**ダブルクリックで単語単位、ト
リプルクリックなら段落単位で文字を選択できます**。ただし、アプリによ
って動作が異なるので注意しましょう。

■ Chrome画面上でマウスで文字選択する

令和元年度予算「商店街活性化・ ×　＋

← → C ⌂　🔒 meti.go.jp/press/2019/12/20191206005/20191206005.html

1. 事業概要

商店街を活性化させ、魅力を創出するため、近年大きな伸びを示しているイ
常の需要以外から〔　　　　　　　　　　〕む商店街等の取組を支援する
目的とした事業で **❶ダブルクリック**

※今回の追加募集については、令和元年8月から9月の前線に伴う大雨
む。）による災害について、激甚災害に対処するための特別の財政援助等
第12条に規定する措置の適用を受ける見込みがある地域（佐賀県武雄巾及
甚指定見込み地域」という。）又は同地域を含む都道府県において災害救
法適用地域」という。）に所在する商店街等組織が対象です。

❷単語が選択される

マウスポインターを選択し
たい部分の文字の上に合わ
せてダブルクリックすると
（❶）、Chromeが認識した
単語単位で文字が選択さ
れる（❷）

■ トリプルクリックで段落を選択できる

> 商店街を活性化させ、魅力を創出するため、近年大きな伸びを示しているインバウンドや観光等といった、地域外や日常の需要以外から新たな需要を効果的に取り込む商店街等の取組を支援することにより、消費の喚起につなげることを目的とした事業です。
>
> ※今回の追加募集については、令和元年8月から9月の前線に伴う大雨（台風第10号、第13号及び第15号の暴風雨を含む。）による災害について、激甚災害に対処するための特別の財政援助等に関する法律（昭和37年法律第150号）第12条に規定する措置の適用を受ける見込みがある地域（佐賀県武雄市及び大町町並びに千葉県鋸南町。以下「激甚指定見込み地域」という。）又は同地域を含む都道府県において災害救助法の適用を受けた地域（以下「災害救助法適用地域」という。）に所在する商店街等組織が対象です。
>
> **2．採択結果**
>
> この度、令和元年10月4日（金曜日）～令和元年11月15日（金曜日）までの期間に募集を行い、応募のあった案件に

Chromeの画面上で文字の上をトリプルクリックすると、段落単位で選択される（**❶**）

❶トリプルクリック

 ATTENTION !

オフィスアプリの場合も、ダブルクリックやトリプルクリックによる文字選択が同様に使えます。ただし一部の挙動が異なっており、たとえばワードの場合は、文章の左横の空白部分をダブルクリックすることで段落全体、トリプルクリックで文章全体を選択することができます。

COLUMN
高性能なマウスで作業効率を高める

　マウスは数百円で購入できるものから2万円を超えるものまで、いろいろな製品が販売されていますが、安価なマウスの中には、クリックしても反応しづらいなど品質上の問題がある製品も少なくありません。激安のノーブランド品ではなく、信頼できるメーカーのものを使うようにしましょう。

　また、上位モデルのマウスには低価格品にはない特徴があります。たとえば、「MX Master 3」（ロジクール）はスクロールホイールを高速に回転でき、親指でサムホイールを回転させることで横スクロールや画像の拡大などが可能です。

「MX Master 3」（ロジクール）は実勢価格1万3500円と高価だが、低価格な製品にはない機能を数多く備えている

Ctrlキーを
そのまま使うな!

Ctrl を含むショートカットキーを使うとき、Ctrl が遠くて押しづらいと思ったことはないでしょうか。そう感じるなら、CapsLock を Ctrl として使えるように設定を変更するツールを使います。

「Ctrl2Cap」で CapsLock を Ctrl にする

キー入力を高速化するには、ホームポジションから手を離す頻度をできるだけ下げる必要があります。Ctrl + C や Ctrl + F といったショートカットキーを使うときも同じで、**いちいち左手を下にずらしてショートカットキーを押し、またホームポジションまで戻していたのでは、せっかくショートカットキーを使ってもあまり時短につながりません**。

そこで、「Ctrl2Cap」というツールを使って、A の左にある CapsLock を Ctrl に割り当ててしまいましょう。マイクロソフトのツールなので、無料かつ安全に利用できますが、インストール時にWindows 10の管理者権限が必要です。

なお、一部のノートパソコンやキーボードは、Ctrl と CapsLock を入れ替える機能を搭載していることもあります。

Ctrl2Cap
開発元：Microsoft Corporation
URL：https://docs.microsoft.com/en-us/sysinternals/downloads/ctrl2cap
価格：無料

 ATTENTION!

「Ctrl2Cap」は Ctrl と CapsLock を入れ替えるのではなく、CapsLock に Ctrl を割り当てるツールです。つまり、CapsLock の本来の機能が使えなくなります。普段 CapsLock を利用する必要があるなら、ここで紹介するテクニックは使わないようにしましょう。

「Ctrl2Cap」はインストール方法が少し特殊なので、手順を詳しく説明します。まずはマイクロソフトのサイトからインストーラーを入手してファイルを解凍しましょう。

■ インストーラーをダウンロードする

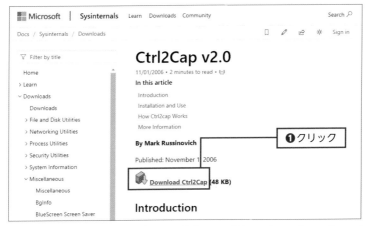

マイクロソフトの「Sysinternals」のページ（https：//docs.microsoft.com/en-us/sysinternals/downloads/ctrl2cap）にアクセスして、「Download Ctrl2Cap」のリンクをクリックしてダウンロードする（**❶**）

■ 解凍してフォルダーごと移動する

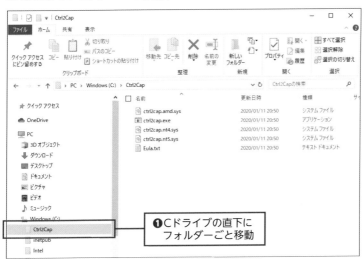

ダウンロードしたZIPファイルを解凍し、フォルダーごとCドライブの直下に移動する（**❶**）

ここまでの準備ができたら、「Ctrl2Cap」をインストールしましょう。インストール作業は、コマンドプロンプトを管理者権限で起動し、コマンドを入力して行う必要があります。

■ 管理者権限でコマンドプロンプトを起動する

■ + R を押して［ファイル名を指定して実行］ダイアログが表示されたら、［名前］の右に「cmd」と入力し（❶）、Ctrl と Shift を押しながら［OK］をクリックする（❷）。［ユーザーアカウント制御］の画面が表示されるので、管理者権限を取得する

Point

管理者権限のあるアカウントでサインインしていれば、［ユーザーアカウント制御］の画面では［はい］をクリックするだけで済みます。しかし、標準ユーザーとしてサインインしていれば、管理者のアカウントでサインインする必要があります。

■ 「Ctrl2Caps」をインストールする

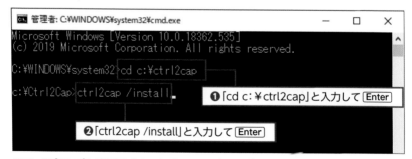

コマンドプロンプトが起動したら、まずカレントディレクトリ（作業用のフォルダー）を移動する（❶）。次に、「Ctrl2Cap」をインストールするためのコマンドを実行する（❷）。なお、これらのコマンドはすべて半角英数字で入力する必要がある

■ ライセンス条件に同意する

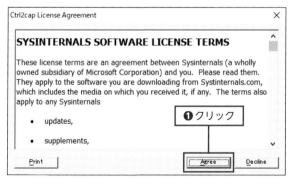

ライセンス条件が表示されるので、[Agree] をクリックする（❶）

■ インストールできたら再起動する

```
Ctrl2cap Installation Applet
Copyright (C) 1999-2006 Mark Russinovich
Sysinternals - www.sysinternals.com

Ctrl2cap successfully installed. You must reboot for it to take effect.
```

「Ctrl2cap successfully installed」と表示されたら、インストールは完了。再起動すれば、CapsLock で Ctrl のショートカットキーが使えるはずだ

ATTENTION!

「Ctrl2Cap」はオン／オフの切り替えなどはできないので、CapsLock の動作を元に戻したい場合はアンインストールするしかありません。アンインストールするには、まずインストール時と同様にコマンドプロンプトを管理者権限で起動し、カレントディレクトリを移動します（前ページの手順と同様）。次に「ctrl2cap.exe /uninstall」と入力し、Enter を押します。このあとパソコンを再起動すれば元の状態に戻ります。

Point

CapsLock と Ctrl を入れ替えるアプリはほかにもいくつかありますが、手軽に使えて、しかも安定して動作するものは意外と少ないのが現状です。USBキーボードなら「かえうち」（https://kaeuchi.jp/）という機器をパソコンとの間に挟むことで、アプリをインストールせずに簡単・確実にキーの入れ替えが可能です。

2 — ⑥

時短
5分

入力ミスはできるだけ
簡単に修正する

入力ミスや変換ミスをしたときに、いちいち文字列を削除して再入力していたのでは手間がかかりすぎます。できるだけ簡単に修正する方法を覚えておきましょう。

💻 変換ミスは再変換で素早く修正できる

パソコンで文字を入力するとき、どんなに注意していてもミスを完全になくすことは難しいものです。特に多いのが漢字の変換ミスです。たとえば、本来は「派遣」とすべきところを「覇権」にしてしまうなど、同音の異なる漢字に変換してしまうケースです。

誤変換した文字はいったん削除してから入力し直す方法もありますが、あまり効率的とはいえません。もっと簡単に修正したいなら、その場で再変換しましょう。**変換した文字の確定直後なら、ショートカットキーで再変換が可能**です。

■ 確定直後に変換前の状態に戻す

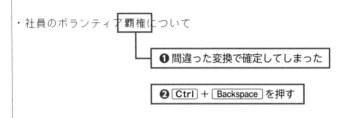

内閣府の防災情報では、「企業防災」という概念が提唱されています。
企業防災には、地震などによる災害被害を最小化する「防災」の観点からアプローチする場合と、災害時の企業活動の維持または早期回復を目指す「事業継続」の観点からアプローチする場合があります。

★株式会社技評判商事の災害時連携について

・社員のボランティア覇権について

❶ 間違った変換で確定してしまった

❷ Ctrl + Backspace を押す

語句の変換を確定した直後なら（❶）、すぐに Ctrl + Backspace を押す（❷）

■ 確定が取り消されるので再変換する

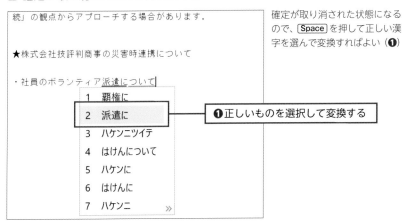

確定が取り消された状態になるので、Space を押して正しい漢字を選んで変換すればよい（❶）

❶正しいものを選択して変換する

確定後にカーソルの位置を動かしたあとで変換ミスに気づいたときは、Ctrl + Backspace は使えません。修正したい文字列を選択して 変換 で再変換しましょう。

■ カーソル移動後の修正は語句を選択

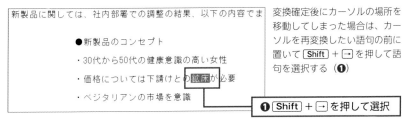

変換確定後にカーソルの場所を移動してしまった場合は、カーソルを再変換したい語句の前に置いて Shift + → を押して語句を選択する（❶）

❶ Shift + → を押して選択

■ ［変換］で再変換する

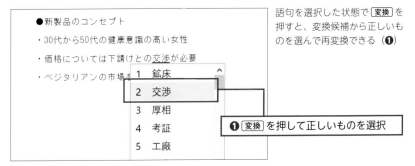

語句を選択した状態で 変換 を押すと、変換候補から正しいものを選んで再変換できる（❶）

❶ 変換 を押して正しいものを選択

日本語入力時にスペースキー連打は時短の"敵"

日本語入力を高速に行うには、変換時の [Space] 連打をなるべく避けるようにすべきです。文字の種類を使い分けるには、ファンクションキーやショートカットキーを使います。

キー操作でサクサク変換する

日本語入力では必要に応じて、ひらがな、カタカナ、半角カタカナ、半角英数字、全角英数字の5種類の文字を使い分けます。これらの文字は入力時に [Space] を押し続ければ変換候補が表示される場合もありますが、多くの候補から探すのは時間もかかりますし、英数字などは思うように変換候補に表示されないこともあります。

そこで便利なのが、**ファンクションキーやショートカットキーを使って変換する**方法です。キーを押すだけで瞬時に文字の種類を変換でき、ストレスもかかりません。たとえば、固有名詞などでうまくカタカナに変換できない単語は、**[F7] または [Ctrl] + [I] を押せば、瞬時にカタカナに変換**できます。また、漢字やカタカナに変換してしまったが、**ひらがなに戻したい**ときは **[F6] または [Ctrl] + [U]** を押します。

そのほか、半角カタカナや全角英数字、半角英数字への変換はキー操作で行うことができます。下の表にまとめておいたので、参照してください。

■ 文字種を変換するためのキー操作

変換形式	ファンクションキー	ショートカットキー
ひらがな	[F6]	[Ctrl] + [U]
カタカナ	[F7]	[Ctrl] + [I]
半角カタカナ	[F8]	[Ctrl] + [O]
全角英数字	[F9]	[Ctrl] + [P]
半角英数字	[F10]	[Ctrl] + [T]

英単語は日本語モードの まま入力できる!

英字を入力する際は、[半角/全角]を押して入力モードを切り替えるのが一般的ですが、実は日本語モードのままでも英字の入力は可能です。この方法を使うと、日本語と英語が混在した文章をスムーズに入力できます。

[Shift]でスムーズに入力する

日本語に英単語が混在した文章を効率よく入力したいなら、**日本語入力モードのままで[Shift]を押し、英単語の1文字目のキーを押してみましょう**。面倒な切り替えなしに、素早く英字を入力できます。英単語を入力し終わって確定するか、もう一度[Shift]を押すと、再び日本語入力に戻れます。キーの位置的にも[Shift]のほうが[半角/全角]よりも押しやすいため、動きに無駄がなく、スムーズな入力が可能です。

■ 日本語モードのまま英字を入力する

本年度は20名の新人が入社いたしました。
人手不足が叫ばれる昨今、有望な新人を獲得できたこ〔と〕びであります。

❶ [Shift] + 頭文字の英字キーを押す

研修においては、さまざまな体験を通して使命と職責〔は〕要だと考えています。

弊社の研修システムでは、[OJT]

たとえば、日本語の文章の途中で「OJT」を入力したいときは、[Shift]+[O]を押す（❶）。その時点で英字入力ができる状態になるので、そのまま英字を入力しよう

Point

[Shift]を押したまま英字を入力すると、すべて大文字になります。2文字目以降では[Shift]を離すと、小文字になります。また、入力後すぐに確定せずに[Shift]+[Space]を押すと、大文字/小文字や全角/半角の変換が可能です。頭文字も小文字にしたい場合や、英単語を全角で入力したい場合は、この方法で変換しましょう。ただし、「iPhone」のように途中に大文字が入る単語は、この方法ではうまく変換できません。

2 — ⑨

時短 20分

辞書登録で難読地名も長い住所も簡単入力

日本語入力でぜひ使いこなしたいのが単語の辞書登録です。通常の方法では入力や変換がわずらわしい長い固有名詞や特殊な用語も、単語登録しておくことで素早く呼び出して入力できるようになります。

記号を付けた文字列で一発変換

ビジネスシーンで作成する文書には、長い部署名や企業名、難読の地名や固有名詞、特殊な業界用語などを入力する場面が出てきます。このような語句は一発で変換するのが難しく、そうかといって1字ずつ入力するのは時間の無駄です。

そこでぜひ使いたいのが辞書登録です。入力したい語句を登録しておけば、「よみ」に設定した文字列だけで瞬時に変換することが可能です。**「よみ」には誤変換を防ぐため、先頭に「;」などの記号を付けた2～3文字を設定するのがおすすめ**です。

■ 単語登録画面を表示する

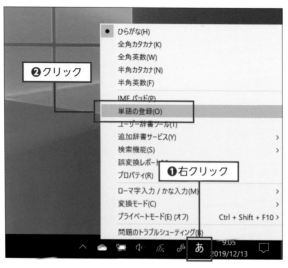

タスクバーの通知領域にあるIMEアイコンを右クリックし（❶）、メニューから[単語の登録]をクリックする（❷）

■ 入力したい語句を単語登録する

❶単語を入力

❷呼び出し用の文字を入力

❸クリック

[単語の登録] ダイアログが表示されるので、[単語] 欄に登録したい単語 (ここでは「技評商事世界経済研究所」) を設定し (❶)、[よみ] 欄には簡単に単語を呼び出せるように記号を入れた2〜3文字 (ここでは「；gk」) を設定する (❷)。最後に [登録] をクリックする (❸)

■ 一発で変換して入力できるように

ファイル(F)　編集(E)　書式(O)　表示(V)　ヘルプ(H)
実質GDP成長率 (以下、成長率) は前年比+3.6％と、2011年以来7年ぶりの高い成長率だった2018年の同 +3.8％から低下した。2018年の世界経済は、2017年に引き続き+3.8％と堅調に推移した。しかし、2019年は2018年に見られた世界同時的な回復とは異なり、国・地域により回復の勢いに差が見られた。

弊社の関連企業である

❶「；gk」と入力

↓

ファイル(F)　編集(E)　書式(O)　表示(V)　ヘルプ(H)
実質GDP成長率 (以下、成長率) は前年比+3.6％と、2011年以来7年ぶりの高い成長率だった2018年の同 +3.8％から低下した。2018年の世界経済は、2017年に引き続き+3.8％と堅調に推移した。しかし、2019年は2018年に見られた世界同時的な回復とは異なり、国・地域により回復の勢いに差が見られた。

弊社の関連企業である技評商事世界経済研究所

❷一発で変換して入力できた

今回登録した例では、「；gk」と入力して Space を押すと (❶)、一発で「技評商事世界経済研究所」と変換して入力できる (❷)

よく使う定型文は
ツールで入力する

ビジネスシーンで頻繁に使う「貴社ますますご清栄のこととお慶び申し上げます」などの定型文は、いちいち入力するのは面倒です。定型文は専用のツールに登録すれば、一発で呼び出して簡単に入力できます。

🖥 「Clibor」に登録して素早く入力

　ビジネスメールの冒頭文や時候の挨拶などの定型文は、「Clibor」（クリボー）というアプリに登録すると、リストから選んで素早く入力できるようになります。リストの呼び出しも入力もキー操作だけで行えるので、マウスを使う手間もかかりません。**おすすめは、メールの宛名から結びまでを登録しておく方法です**。たとえば、

> ○○運輸株式会社
> 購買部第一調達課主任
> 田中様
>
> いつもお世話になっております。
> 技評商事の守屋です。
>
> よろしくお願い申し上げます。

までを相手ごとに登録しておけば、かなりの時短につながります。

Clibor
開発元：千草
URL：https://chigusa-web.com/
価格：無料

■ 自動貼り付け設定を行う

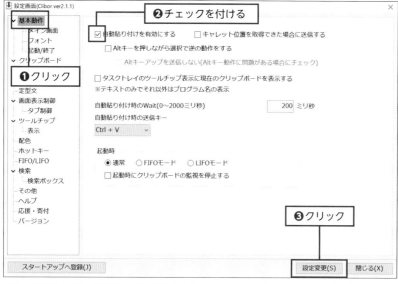

❷チェックを付ける

❶クリック

❸クリック

スタートアップへ登録(J)　　　　　　　　　　　設定変更(S)　　閉じる(X)

Cliborを起動するとタスクトレイに常駐するので、アイコンを右クリックして[設定]を開き、[基本設定]をクリック（❶）。[自動貼り付けを有効にする]にチェックを付け（❷）、[設定変更]をクリックして設定を完了する（❸）

■ 定型文の登録画面を表示する

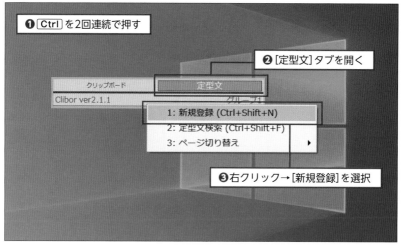

❶ Ctrl を2回連続で押す

❷ [定型文]タブを開く

クリップボード　　　　　　定型文

Clibor ver2.1.1　　　　　　　　　グループ

1: 新規登録 (Ctrl+Shift+N)

2: 定型文検索 (Ctrl+Shift+F)

3: ページ切り替え　　　　　▶

❸右クリック→[新規登録]を選択

Ctrl を2回連続で押して、Cliborのリスト画面を呼び出す（❶）。→を押して[定型文]タブに切り替え（❷）、下の部分を右クリックして[新規登録]をクリックする（❸）

■ 定型文を入力して登録する

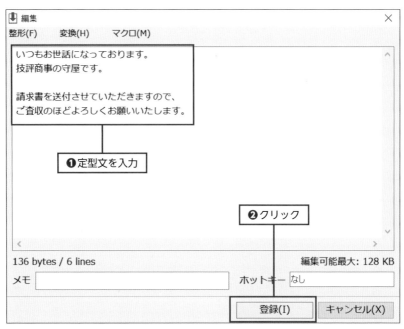

[編集] ダイアログが表示されるので、上のスペースに登録したい定型文を入力し（❶）、[登録]をクリックする（❷）。この手順でよく使う定型文はどんどん登録しよう。

■ 登録済みの定型文リストを呼び出す

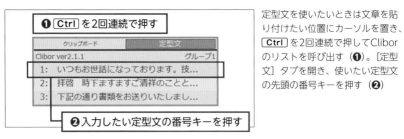

定型文を使いたいときは文章を貼り付けたい位置にカーソルを置き、Ctrlを2回連続で押してCliborのリストを呼び出す（❶）。[定型文] タブを開き、使いたい定型文の先頭の番号キーを押す（❷）

■ 定型文が瞬時に貼り付けられる

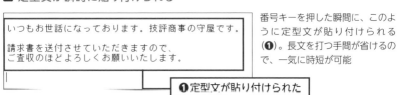

番号キーを押した瞬間に、このように定型文が貼り付けられる（❶）。長文を打つ手間が省けるので、一気に時短が可能

特殊な記号は一覧から選んでラクラク入力

「≠」「Θ」など、数学や物理学で使うような特殊な記号を入力したいとき、どうすればよいでしょうか。記号は「きごう」と入力して変換しますが、一覧表示すれば、目的の記号をすぐに見つけられて便利です。

IMEパッドの記号一覧から選択

文書の中でデータの数値などを示す場合は、記号を入力する機会が多くなります。記号を入力する場合は、「きごう」と入力して Space を押せば変換候補に記号が表示されますが、ここから目的の記号を見つけ出すには何度も Space を押す必要があり、かなり時間がかかります。

そこで便利なのが、IMEパッドの記号一覧を開く方法です。**「きごう」の変換候補で F5 を押すと、IMEパッドの記号一覧が表示される**ので、ここから目的の記号を選ぶだけで入力できます。 Space を連打するよりスムーズに記号の入力が可能です。

■ IMEパッドから記号を入力する

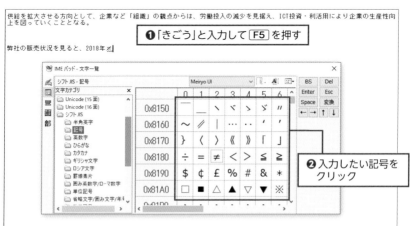

「きごう」と入力して F5 を押すと（❶）、IMEパッドの記号一覧が表示される。この中から目的の記号を選んでクリックすると（❷）、入力できる

もっと素早く変換候補に たどりつく

日本語入力で語句を変換する場合、変換候補に目的の語句がなかなか表示されないからといって、Space を連打するのは時間の無駄です。変換候補はもっと素早くたどりつくことができます。

変換候補は Tab で展開する

変換候補の表示順序は、それまでの入力状況に応じて変わります。よく変換する語句は、その語句が優先的に上位に表示されるため、使用頻度が少ない語句はかなり下のほうに表示されてしまいます。

このような場合は、Space を連打するのではなく、変換候補が表示された時点で Tab を押しましょう。すべての変換候補が1つの画面で表示され、目的の語句をスムーズに探すことができます。

■ 変換候補の一覧を展開する

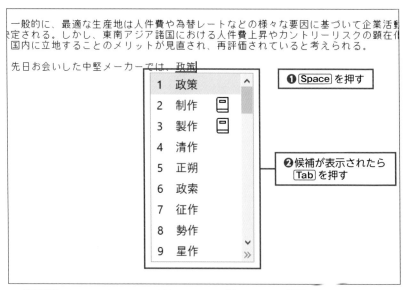

まず Space を押して変換を開始し（❶）、変換候補が表示されたら Tab を押す（❷）

■ すべての候補から素早く選択できる

での人件費高騰などの影響により、海外から国内へ投資が戻る傾向もみられる。
ると、中国・香港が半数以上を占めるとともに、東南アジア諸国からの回帰の動

理由には、人件費や品質管理上の問題を挙げる企業が多いが、米中貿易摩擦を挙
も少数ながら現れはじめており、今後の動きを注視する必要がある。

最適な生産地は人件費や為替レートなどの様々な要因に基づいて企業活動の中で
しかし、東南アジア諸国における人件費上昇やカントリーリスクの顕在化に伴い
することのメリットが見直され、再評価されていると考えられる。

した中堅メーカーでは、政策

1	政策	盛作	晟作	誠作	勢い作	菁作
2	制...📋	聖作	晴作	誠策	勢以作	瀬井作
3	製...📋	成作	正作	青作	威作	せいさく
4	清作	誓作	正策	静作	惺作	セイサク
5	正朔	靖作	清策	静策	成生作	
6	政索	精索	生作	せい作	斉作	
7	征作	征策	省作	セイ作	済作	
8	勢作	政作	精作	世作	澝作	
9	星作	整作	精策	井作	税作	«

❶入力したいものを選択

変換候補の表示領域が拡大され、すべての候補が一覧表示される。[Space] またはカーソルキーで
候補を選び、[Enter] を押す（❶）。なお、確定するにはもう一度 [Enter] を押す必要がある

Point

変換候補の横に表示される数字を元に、特定の候補にジャンプする
こともできます。たとえば上の図で「清作」と変換したければ、変
換候補一覧が表示されてから [4] を押すと、すぐに「清作」を選択
できます。あとは [Enter] を押して確定しましょう。

💻📱 **A T T E N T I O N !**

変換候補を表示する前に [Tab] を押すと、挙動が異なるので注意しましょう。た
とえばMicrosoft IMEで予測変換がオンになっている場合、[Space] を押す前に
[Tab] を押すと予測変換の候補が表示されます。

2—⑬

時短
5分

入力モードはキー操作で瞬時に切り替える

すでに解説したように、入力した文字をひらがな→カタカナ、半角英数→全角英数などと変換することは可能です。しかし、同じ文字種で続けて入力するなら、最初から入力モードを変更しておいたほうが効率的です。

💻 キー操作で入力モードをサクサク切り替える

入力作業では、全角カタカナで入力し続けたい、あるいは半角カタカナを入力したいというケースが出てくることがあります。入力する文字種を指定する入力モードは、通知領域にあるIMEのアイコン（入力インジケーター）を右クリックして切り替えることができますが、いちいちマウスを使うのは面倒です。

そこで取り入れたいのが、無変換 を使って入力モードを切り替える方法です。無変換 を押すたびに、ひらがな→全角カタカナ→半角カタカナ→ひらがな……の順に次々と切り替えることができます。

また、Shift + 無変換 で英数字に切り替えることもできます。1回押すと全角英数、2回押すと半角英数になります。そのほか、カタカナ ひらがな を押してひらがなに、Shift + カタカナ ひらがな で全角カタカナに切り替える方法もあります。

■ 入力モード切り替えのキー操作

キー操作	動作
無変換	ひらがな→全角カタカナ→半角カタカナの順に切り替え
Shift + 無変換	全角英数に切り替え（2回押すと半角英数になる）
カタカナ ひらがな	ひらがなに切り替え
Shift + カタカナ ひらがな	全角カタカナに切り替え
半角 全角 CapsLock	IMEのオン（日本語入力）／オフ（英語入力）を切り替え
変換	IMEをオンにする（英語入力→日本語入力に切り替え）

※ 無変換 や Shift + 無変換 はIMEがオンの場合のみ使用可能

🖥 日本語入力と英語入力を切り替える

　もう1つ必ず覚えておきたいのが、IMEのオン／オフ、つまり日本語入力と英語入力の切り替えです。普段は日本語入力がメインの人が多いでしょうが、英数字のみの型番や長い英単語などを入力するときは、英語入力のほうが適しています。通知領域の入力インジケーターをクリックして切り替えることもできますが、半角／全角を押せばもっと素早く切り替えられます。

　ただ、半角／全角はキーボードの左上にあり、やや押しにくいのが難点です。ホームポジションから手を動かさずに操作したいなら、代わりにCapsLockを使いましょう。あるいは、英語入力への切り替えはShift＋無変換で代用してもよいでしょう。

　英語入力から日本語入力に戻すには、もう一度半角／全角かCapsLockを押します。また、変換で日本語入力に切り替えることも可能です。ただし、入力した文字を変換・確定した直後に変換を押すと、再変換になってしまうので注意しましょう。

🖥 ATTENTION！

CapsLockで英語入力に切り替えたとき、通常は半角英数を入力できますが、全角英数になってしまうことがあります。これは、IMEが前回の変換結果を記憶しており、それに合わせて文字種を自動的に選択するためです。そんなときは、F10またはCtrl＋Oを押して半角英数に変換しましょう。変換結果が学習され、次回以降はCapsLockで半角英数を入力できるようになります。また、Shift＋無変換を1回押しただけで半角英数になる場合がありますが、これも変換結果の学習機能によるものです。

Point

Alt＋カタカナ ひらがなを押すと、ローマ字入力とかな入力を切り替えられます。ほとんどの人はどちらか片方しか使わないため、この操作が必要になることは少ないですが、誤って設定を変更して元に戻したい場合もあるので、覚えておくと安心です。

2 — ⑭

スニペットなら定型文を 2秒で入力できる!

定型文を素早く入力したい場合、単語登録を利用する方法もありますが、改行のある複数行の文章は登録できません。「スニペット」と呼ばれる入力ツールを使うと、複数行の文章でも瞬時に入力できます。

「PhraseExpress」で超速入力できる

スニペットとは、あらかじめ登録しておいた定型文を素早く入力するためのツールです。さまざまなタイプがありますが、その中でもおすすめなのが「PhraseExpress」というアプリです。定型文を登録し、その文章を呼び出すための文字列を設定しておけば、**複数行にわたる長い文章もわずか数文字のキーを押すだけで瞬時に入力できます**。また、ショートカットキーで入力できるように設定することも可能です。

業務で使う場合は有料となりますが、定型文を入力する機会が多い人なら十分に元は取れるはずです。

PhraseExpress
開発元：Bartels Media GmbH
URL：https://www.phraseexpress.com/
価格：個人利用無料、商用利用（スタンダード版）49.95米ドル

■「PhraseExpress」で定型文を登録

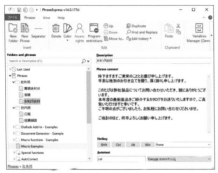

画面表示は英語だが、使い方はそれほど難しくない。フォルダーを作って分類できるので、たくさんの定型文を登録しても管理しやすい

2 — ⑮

時短 **30分**

クリップボード履歴で コピペを10倍効率化する

文書の編集などの作業に欠かせないのが、コピー＆ペーストです。通常は貼り付け用に1つのデータしか保存できませんが、「クリップボード履歴」を使えば、複数のデータを保存してコピー＆ペーストが可能です。

複数のテキストや画像を保存して貼り付けられる

通常のクリップボードは1個のデータしか保存できないため、ほかのデータをコピーすると上書きされてしまいます。しかし、**Windows 10の「クリップボード履歴」機能を使えば、クリップボードに複数のデータを保存して、以前コピーしたものを貼り付けることができます。** テキストだけでなく画像も保存できるので、幅広い文書作成に利用可能です。ただし、あまり大量のデータを長期的に保存するには不向きなので、そういった用途には「Clibor」（78ページ参照）のほうがおすすめです。

■ クリップボード履歴を有効にする

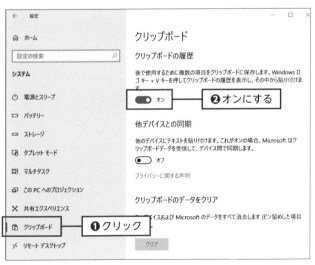

［設定］→［システム］→［クリップボード］を開き（❶）、［クリップボードの履歴］をオンにする（❷）

87

■ クリップボード履歴を使う

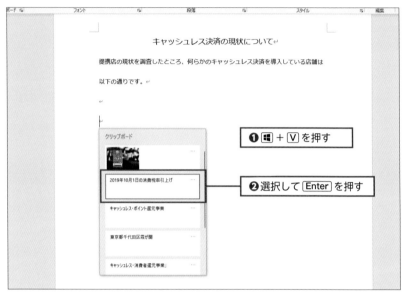

クリップボード履歴を使うには、入力したい場所にカーソルを置いた状態で、⊞ + Ⓥ を押す
(❶)。するとコピーしたデータの一覧が表示されるので、↑↓で選択して Enter を押す (❷)

■ 選択したデータが貼り付けられる

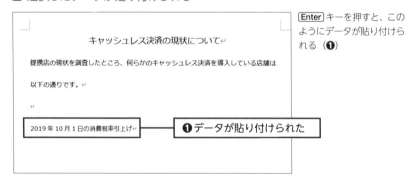

Enter キーを押すと、この
ようにデータが貼り付けら
れる (❶)

　クリップボード履歴に保存されたデータは、パソコンの再起動や履歴の
クリアで消去されます。また、保存できるデータの上限は25個で、これを
超えると古いものから削除されます。そこで、**ずっと残しておきたいデー
タは削除されないようにピン留めしておきましょう。**

■ クリップボード履歴をピン留めする

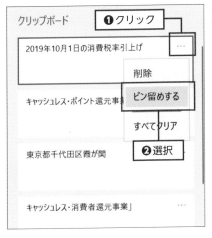

クリップボード履歴を表示し、削除したくない
データの右上にある［…］をクリックして（❶）、
［ピン留めする］を選択する（❷）。なお、この
メニューから削除や履歴全体のクリアも実行で
きる

　クリップボード履歴の同期をオンにすると、同じMicrosoftアカウント
でサインインしている複数のパソコンでデータを共有できます。**コピーし
たテキストを別のパソコンでペーストできる**ので、大変便利です。ただし、
同期できるデータはテキストのみで、画像は共有できません。

■ クリップボード履歴をほかのデバイスと同期する

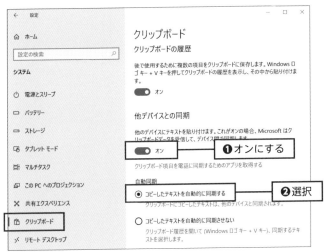

［設定］→［システム］→［クリップボード］を開き、［他デバイスとの同期］をオンにして
（❶）、［コピーしたテキストを自動的に同期する］を選択する（❷）

音声入力なら話す速度で入力できる!

周囲に迷惑にならない環境で自由に声に出せるなら、音声入力を利用するとより素早く入力が可能です。思いついたことをありのままに文字に起こせるので、アイデアをまとめたいときなどに最適です。

💻 Googleドキュメントの音声入力機能を利用

　キーボードの操作に慣れた人でも、長い文章を入力するにはそれなりに時間がかかります。キーを打つよりは口頭で話したほうが速いという人がほとんどでしょう。そこで注目したいのが、**Googleドキュメントの音声入力機能**です。**ユーザーが話した音声を認識し、すぐにテキスト化してくれるので、時間と労力を大幅に軽減できます**。現在のところ、日本語の場合は句読点や改行は入れられませんが、あとでまとめて入力すればよいでしょう。なお、この機能を使うにはパソコンにマイクが搭載されていること、ブラウザがChromeであることが条件です。

■ Googleドキュメントを新規作成

Googleドキュメント（https://docs.google.com）にアクセスし、[新しいドキュメントを作成] の [空白] をクリック（❶）

■ 音声入力を開始する

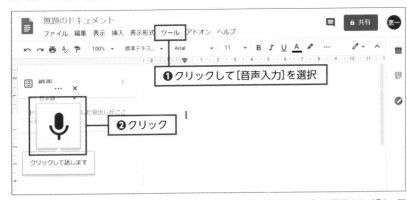

❶クリックして[音声入力]を選択

❷クリック

画面上部の［ツール］をクリックし、表示されるメニューから［音声入力］を選択する（❶）。図のような画面が表示されたら、マイクのアイコンをクリックする（❷）。このあとマイクの使用許可を求めるダイアログが表示されるので、［許可］をクリックする

■ マイクに話しかけるだけで入力できる

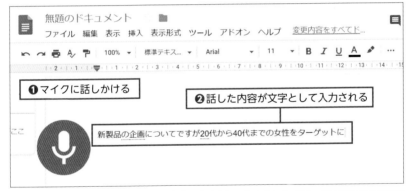

❶マイクに話しかける

❷話した内容が文字として入力される

新製品の企画についてですが20代から40代までの女性をターゲットに

あとはそのままマイクに話しかけると（❶）、文字として入力される（❷）。日本語の場合は句読点や改行を入れることはできないが、ちょっとしたアイデアを書き留めるには重宝する

COLUMN
音声入力の意外な使い方

　音声入力は、テープ起こしに最適のツールです。録音した音声をそのままパソコンに聞かせてうまくいかないといって、諦める必要はありません。録音した音声をイヤホンで聴きながら、それを音声入力に適した言い回しにして、パソコンに話しかけて聞き取らせるのです。議事録作成などに使えるでしょう。

キーボードを改善して高速化を図る

「キーボードはもう使えてるから、今さら変えることはない」と思うかもしれませんが、本当にそうでしょうか。入力機器は利用する時間が長いため、ちょっとした違いが積み重なって大きな差になります。

本気で高速化したいならキーボード自体を見直す

パソコンの周辺機器の中でも、特に好みが分かれやすいのがキーボードです。千円程度の安価な製品でも不満を感じない人がいる一方で、数万円、数十万円と投資する人もいます。そもそもキーボードの種類など意識したことがない、パソコンに付属していたキーボードをそのままの設定で使っている、という人も少なくないでしょう。

しかし、**本気で文字入力を高速化したいなら、自分が今使っているキーボードが快適に操作できているかどうかを問い直してみるべき**です。もし問題があると感じるなら、ここで紹介する改善策を実行してください。

まずは、キーリピートの速度を調整してみましょう。設定を変更するだけなので、すぐにできます。Backspace やカーソルキーは押しっぱなしにすることがよくありますが、入力される速度が遅いとイライラしてしまいます。そんなときはリピート速度を上げるのがおすすめです。

■ コントロールパネルから［キーボード］を開く

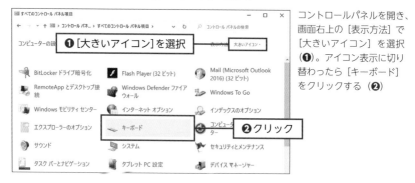

コントロールパネルを開き、画面右上の［表示方法］で［大きいアイコン］を選択（❶）。アイコン表示に切り替わったら［キーボード］をクリックする（❷）

■ キーリピートの速度を調整する

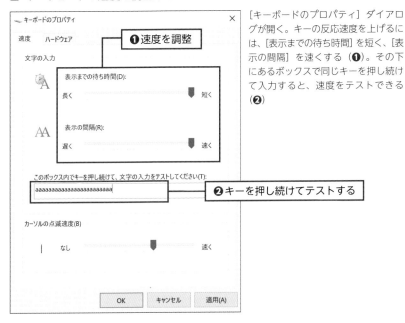

[キーボードのプロパティ] ダイアロググが開く。キーの反応速度を上げるには、[表示までの待ち時間] を短く、[表示の間隔] を速くする（❶）。その下にあるボックスで同じキーを押し続けて入力すると、速度をテストできる（❷）

　ただし、キーボードには、これ以外に役に立つ設定がほとんど存在しません。**キー入力をもっと快適にしたいとき、一番効果があるのがキーボードを買い替えることです**。では、どんなキーボードに買い替えればいいのでしょうか。キーボードの構造は数種類に分かれています。主な構造とその特徴を挙げておきます。

■ キーボードの構造は数種類ある

方式	特徴
メンブレン	安価なキーボードによく用いられている。製品によっては、キーボード中央をまっすぐ押し込まないと反応しづらいこともある。耐久性は劣る
パンタグラフ	ノートパソコンのように薄いキーボードに使われる。キーの端を押さえても反応するが、メンテナンス性に劣り、キートップを外すのが難しい
メカニカル	キーを押し込んだとき、独特のクリック感がある。製品によってはカチャカチャうるさいほどの音がする。やや高価
静電容量無接点	独特の押し心地で、キーをある程度まで押し込むと、すっと軽くなって入力される。キーの寿命が長く、なかなか壊れないが高価

このほかにもいくつか存在するが、店頭に並んでいる製品の大半はこの中のどれかに該当する

より快適な入力環境を追求したいなら、メカニカルや静電容量無接点を試してみることをおすすめします。メカニカルに採用されているキーには、押したときの感触や重さが異なる種類があるので、購入前に店頭で触ってみましょう。また、静電容量無接点を採用したキーボードは、ヘビーユーザーに愛用者が多数います。高速に入力したいなら検討しましょう。

　通常、キーボードの配列は Enter キーが大きなJIS配列がよく使われていますが、Enter が横長のUS配列のキーボードも店頭に並んでいます。一部のキーの配列がJIS配列と異なりますが、ローマ字入力ならUS配列でもまったく問題ありません。本書で紹介した 変換 や 無変換 といったキーの機能がわずらわしく感じる場合は、試す価値はあります。

■ 打ちやすさや配列にこだわって製品を選ぶ

高性能なキーボードとして定評のある「HHKB Professional HYBRID」(PFU)。
静電容量無接点方式を採用し、ショートカットキーを押しやすいキー配列も
特徴。写真はUS配列だが、JIS配列の製品もある

COLUMN
ローマ字入力以外の入力方式も存在する

　日本語入力の方法は9割程度がローマ字入力、1割弱がJISかな入力を利用しているといわれています。ローマ字入力は使用するキーが少ない反面、よく使うキーがホームポジションから遠いなど、非合理的です。JISかな入力はキーを押す回数が少ないのですが、4段分のキーを使用し、タッチタイプが難しいなどの問題があります。

　もっとスムーズに入力したいなら、いわゆる「親指シフト」や、その後に考案された「かえであすか」「新下駄配列」「薙刀式」「月配列」「蜂蜜小梅配列」などを試してみることをおすすめします。ちなみに、筆者は蜂蜜小梅配列を使用しており、毎分280文字程度入力できます。

第 **3** 章

メール&チャットで
伝える力を倍増する

デスクワーク中心のビジネスパーソンにとっては、メールは「使い
こなせて当たり前」のツールです。新入社員でもない限り、それな
りに使いこなしていると思っている人が大半でしょう。しかし、自
己流で使いこなしているつもりになるのは危険です。まずは一般的
なマナーやルールを知っておくべきでしょう。

本章では、メールの見た目をどのように整えれば、読みやすく伝わ
りやすいのか、BCCやCCの使い方、テキスト形式で重要なポイン
トを確実に伝える方法などをまず取り上げています。

また、メールの処理漏れミスをなくすためのコツや、重要なメール
が行方不明になるのを防ぐテクニックも紹介します。主にアウトル
ックでの操作を解説していますが、より効率的にメールを管理でき
るGmailの使い方にも触れています。

ビジネスにおけるコミュニケーションツールは、メールだけではあ
りません。ここ数年で利用が広がっているビジネスチャットは、う
まく使うことによって、メールよりもコミュニケーションを大幅に
高速化することができます。自分だけで導入するわけにはいきませ
んが、機会があればぜひ試してみてください。

3 — ①

時短
5分

知らないと確実に損をする メールのマナーはこれだ!

電話や手紙同様、メールにもマナーがあります。マナーを守らないと、相手に不快な印象を与えるだけでなく、間違った情報が伝わってしまったり、迷惑をかけてしまったりすることがあります。では、どんなことに気をつければよいのでしょうか。

💻 これだけは守りたいメールのマナー

　メールは、ビジネスにおいて重要なコミュニケーション手段の1つです。うまく活用することで、コミュニケーションをより円滑に進めることができます。ここでは、どんな点に注意すればよいのかを挙げていきます。

メール本文は7つの要素からなる

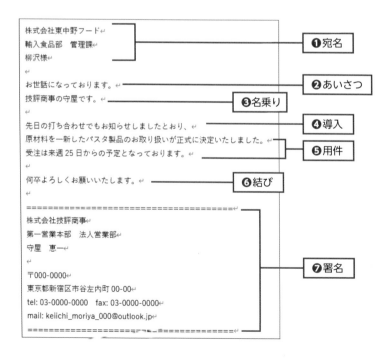

メールの本文は、①宛名、②あいさつ、③名乗り、④導入、⑤用件、⑥結び、⑦署名の7つからなるのが基本です。場合によっては、いくつか省略することも可能ですし、②と③の順序は入れ替えてもかまいませんが、通常はここから大きく外れたメールにならないように注意します。

件名は内容を表すものにする

意外と無頓着な人が多いのが件名です。「お知らせ」「ご報告」「お世話になっております」といった件名だと、あとからメールを探すときに件名がヒントにならなくなってしまいます。

たとえば、取引先に打ち合わせの出席者が変更されたことを知らせるメールの件名では、「打ち合わせについて」としたくなりますが、これはあまりよくありません。「打ち合わせの出席者について」でもよさそうですが、「打ち合わせの出席者が佐藤から田中に変わります」とするほうが内容が伝わりやすく、ベターです。

🖥️ ATTENTION!

メールに返信するときは、自動的に「Re：（元の件名）」などと入力されますが、この件名は変更しないようにしましょう。相手がスレッド（一連のやりとりをグループ化する機能）でメールを管理している場合、件名を変えると別のスレッドになってしまい、迷惑をかけることがあります。ただし、元のメールとはまったく別の用件を書く場合は、件名を変えたほうが適切です。

改行や空行をうまく使う

パソコンに限らず、文章の読みやすさという観点では、見た目も重要です。もし文章に改行がなく、ずらずらと続いていたら、視線の左右の移動距離が長くなってしまい、かなり読みづらく感じるでしょう。適当な切れ目で Enter を押して、改行するのがおすすめです。**1行あたりの文字数は25文字前後、長くても30文字にするのがおすすめです。**ただし、文節の途中で改行するのは避けたほうが無難です。

また、話の流れの切れ目で空行を入れると、かなり読みやすくなります。頻度は数行に1行程度でいいでしょう。

株式会社東中野フード
輸入食品部　管理課
柳沢様

お世話になっております。技評商事の守屋です。新製品のキャンペーンについての打ち合わせですが、10月23日15時の日程でご都合はいかがでしょうか。当日は専門家もお招きして原材料についての解説をしていただく予定です。また、製品を使ったお料理も用意いたします。柳沢さまに実際の食味もご確認いただき、ご意見を賜りたく存じます。何卒よろしくお願いいたします。

株式会社東中野フード
輸入食品部　管理課
柳沢様

お世話になっております。
技評商事の守屋です。

新製品のキャンペーンについての打ち合わせですが、
10月23日15時の日程でご都合はいかがでしょうか。

当日は専門家もお招きして原材料についての解説をしていただく予定です。
また、製品を使ったお料理も用意いたします。

柳沢さまに実際の食味もご確認いただき、
ご意見を賜りたく存じます。

何卒よろしくお願いいたします。

あまり短すぎても読みづらいので、1行の文字数は少なくとも20文字程度にしておきたい

💻 ATTENTION！
相手がスマホで読むことがわかっていれば、改行は少なめ、空行はナシのほうが読みやすい場合もあります。

項目ごとに区切れるなら箇条書きを用いる

たとえば、イベントの要項など、**いくつもの項目を正しく伝えたいときは箇条書きを利用する**とわかりやすくなります。新製品ユーザーミートアップの実施要項を知らせたいとき、「今回のミートアップは、2020年の4

月6日に弊社A会議室で14時より行います。終了予定時刻は16時で、弊社からは開発担当の田中と鈴木が登壇します。定員は10名、参加料は無料ですが、応募者多数の場合は抽選といたします。」と書くよりは、

●新製品ユーザーミートアップ実施要領
日時：2020年4月6日14時〜16時
場所：弊社A会議室
登壇者：開発担当（田中、鈴木）
定員：10名（応募者多数の場合は抽選）
参加料：無料

と書いたほうが必要な情報にたどり着きやすくなります。

機種依存文字はOK、絵文字はNG

　パソコン通信の時代からメールを使っている筆者にとっては隔世の感があるのが、機種依存文字に関する変化です。①や㎡やⅸといった文字は、異なる機種やOSで表示すると別の文字になるので、メールでは使ってはいけないとされてきました。これは機種やOSによって、使用する文字コードに違いがあったからです。

　しかし、**現在ではほとんどの端末やメールアプリで文字表示に「ユニコード」（具体的には「UTF-8」）と呼ばれる文字コードが使われるようになり、大半の文字はどの環境でも同じ文字として表示されます。**そのため、あまり注意する必要はないでしょう。

　一方、**今でも注意すべきなのが絵文字です。**ビジネスのメールにはふさわしくないので使う機会が少なく、問題になることはあまりないでしょうが、たまに署名に電話のアイコンを使っているのを見かけることがあります。絵文字は、環境によってかなり表示が異なったり、そもそも表示されなかったりするので、使わないほうが無難です。

TOとCCとBCCは
はっきり区別して使う

メールの宛先の設定方法には、3種類あります。どれを選んでもメールは届きますが、届くからといってどれでもいいわけではありません。正しい使い分け方を知っておきましょう。

いずれも相手に届くが、意味合いはまったく異なる

メールの宛先の指定方法には、TO、CC、BCCの3種類があります。このうち、間違って使うと大変なことになってしまうのがBCCです。

BCCに指定されたアドレスは、受信者には表示されず、削除されます。つまり、BCCにどのアドレスが指定されているかは送信した本人しかわかりません。このため、互いに知り合いでない複数の相手に同じ文面のメールを送りたいときに使用します。逆に言えば、**互いに知り合いでない人に一斉送信するときはBCC以外にアドレスを指定すべきではありません。もし顧客のアドレスをTOにずらりと並べてメールを送信してしまうと、場合によっては個人情報漏えいになってしまいます。**

TOとCCは両方とも受信者にアドレスが表示されるので、どちらを使っても大きな問題は起こりません。ただし、意味合いは異なります。TOに指定された人は「このメールは、貴方に宛てて書かれたものですよ」というメッセージを受け取ります。基本的に、宛名に書いた人のアドレスをTOに指定するとわかりやすいでしょう。

わかりにくいのはCCです。「参考までに送っておきます」というのがもともとの意味合いですが、送信者は「あとで知らないと言われたら面倒なので、全部CCしておこう」という発想に陥りがちです。そのため、関係者の多い案件ではCCにいくつものアドレスが並び、大量のメールが飛び交うことになってしまいます。これでは、CCすることで円滑な業務が阻害されかねません。**どうしても共有しておきたい人のアドレスのみ、CCに設定すべきでしょう。**

3—03

HTMLメールを使わずに 内容をわかりやすくするには

HTMLメールは重要な部分を赤字で強調するなど、本文中の文字にスタイルを適用でき、箇条書きや表組み、リンクなどを挿入するのも簡単です。しかし、HTMLメールが歓迎されない場面もあるのでテキストメールで類似の効果が得られるように工夫してみましょう。

記号などをうまく使って書き方を工夫する

HTMLメールは、テキスト形式のメールに比べてデータが重くなりがちなうえに、受信環境によってはレイアウトが崩れるといった問題もあり、長らく「なるべく使わない」ことが正しいとされてきました。しかし、最近は高速なインターネット回線が普及したこと、HTMLメールに対応したアプリやサービスを使う人が増えたことなどから、以前のように敬遠されることは少なくなっています。とはいえ、テキストメールのほうが安心という判断が職場で共有されていることは多いでしょう。

HTMLメールのような書式設定ができないテキストメールでも、**記号を使って箇条書きにしたり、重要な部分をカッコで囲んで強調したりすることで、わかりやすいメールを作成することが可能です**。

箇条書きでは、以下のような記号を優先順位やランクなどに応じて使い分けます。

●→◎→○→・

■→□／◆→◇

★→☆／※

記号の代わりに「1.」「2.」や「(1)」「(2)」といった数字を使ってもかまいません。また、強調したい部分は赤字や太字にする代わりに、通常のカギカッコよりも目立つ【】(墨付きカッコ)でくくるといいでしょう。表組みなどは、データをタブで区切ると見やすく仕上げられます。

テキストメールを作成するには、環境に応じてメール形式の設定を変更しておく必要があります。

■ アウトルックでテキスト形式に設定

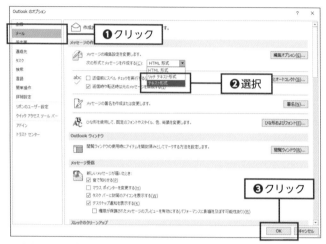

アウトルックで標準のメールの形式を切り替えるには、［ファイル］→［オプション］→［メール］をクリックし（❶）、［次の形式でメッセージを作成する］で［テキスト形式］を選択して（❷）、［OK］をクリックする（❸）

■ ウェブ版のGmailでテキスト形式に切り替える

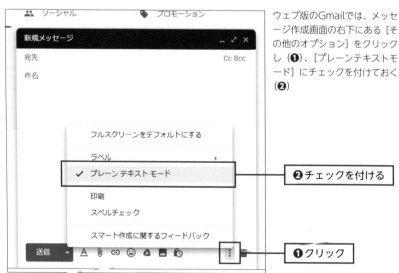

ウェブ版のGmailでは、メッセージ作成画面の右下にある［その他のオプション］をクリックし（❶）、［プレーンテキストモード］にチェックを付けておく（❷）

Point

アウトルックでは、メール作成画面の［書式設定］タブにある［形式］でHTML形式とテキスト形式を切り替えることもできます。「いつもはHTML形式だが、今回だけテキスト形式でメールを書きたい」という場合は、この方法で設定しましょう。

ATTENTION！

Windows 10に標準で付属する「メール」アプリでは、テキスト形式のメールを作成することはできません。テキスト形式で送信したい場合は、アウトルックなど別のアプリを使いましょう。

■ 箇条書きには記号を利用する

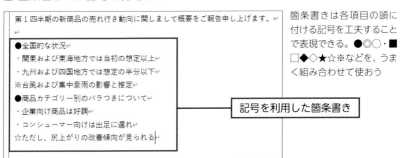

第１四半期の新商品の売れ行き動向に関しまして概要をご報告申し上げます。↵

●全国的な状況↵
・関東および東海地方では当初の想定以上↵
・九州および四国地方では想定の半分以下↵
※台風および集中豪雨の影響と推定↵
●商品カテゴリー別のバラつきについて↵
・企業向け商品は好調↵
・コンシューマー向けは出足に遅れ↵
☆ただし、尻上がりの改善傾向が見られる↵

記号を利用した箇条書き

箇条書きは各項目の頭に付ける記号を工夫することで表現できる。●◎○・■□◆◇★☆※などを、うまく組み合わせて使おう

■ 赤字や太字の代わりにカッコを使って強調

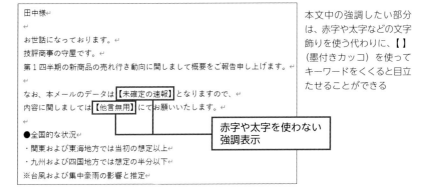

田中様↵
↵
お世話になっております。↵
技評商事の守屋です。↵
第１四半期の新商品の売れ行き動向に関しまして概要をご報告申し上げます。↵

なお、本メールのデータは【未確定の速報】となりますので、↵
内容に関しましては【他言無用】にてお願いいたします。↵
↵
●全国的な状況↵
・関東および東海地方では当初の想定以上↵
・九州および四国地方では想定の半分以下↵
※台風および集中豪雨の影響と推定↵

赤字や太字を使わない強調表示

本文中の強調したい部分は、赤字や太字などの文字飾りを使う代わりに、【】（墨付きカッコ）を使ってキーワードをくくると目立たせることができる

アウトルックの場合、文字列をタブで区切ることで簡単な表組みを作成できます。なお、この方法はGmailでは利用できません。

■ 簡単な表組みはタブで区切って作る

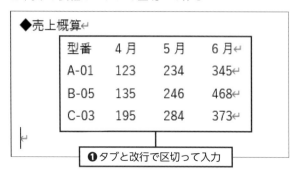

◆売上概算↵

型番	4月	5月	6月↵
A-01	123	234	345↵
B-05	135	246	468↵
C-03	195	284	373↵

❶タブと改行で区切って入力

本文中に表形式のデータを入れたい場合には、各データをタブと改行で区切って入力する（❶）。このとき、位置調整のためにスペースを挿入すると、データの流用ができなくなってしまうので注意しよう

Point

タブとは、文字列やデータを区切るために使う特殊文字の一種で、Tab を押せば挿入できます。タブと改行で区切った文字列をコピーしてエクセルに貼り付ければ、区切りごとにセルに分割して入力されます。

 ATTENTION!

ウェブ版のGmailでは、Tab を押してもタブをうまく入力できません。テキストエディターなどで入力してGmailにコピー＆ペーストしても、自動的にタブがスペースに変換されてしまいます。

 COLUMN
どうしても体裁を整えたい場合には

　どうしても書類としての体裁を整えて送りたい場合は、そもそもメールの本文に書くべきではないかもしれません。ワードなどで作成した文書をPDFに変換してメールに添付するか、Googleドキュメントのファイル共有機能を利用するなど、別の方法を検討してみましょう。HTMLメールで複雑な書類を作るよりも、先方で誤解なく処理してもらえる可能性が高いです。

検索しやすい メールの書き方

以前のメールの内容を確認したくなったとき、ほかのメールに埋もれてすぐに探し出せないという場合には、検索機能を使います。関係者の氏名をキーワードとして検索するのが一般的ですが、関係するメールをすべて確実にヒットさせるには、メール本文の書き方にコツがあります。

💻 どんなに短い返信でも「○○様」を入れる

メールを検索する際、宛先や差出人に相手の氏名が含まれていれば何の問題もありません。しかし、通常は氏名とセットになっている宛先や差出人の情報にメールアドレスだけしか含まれていなかった場合、氏名による検索ではヒットしない可能性があります。また、氏名の記述がローマ字になっていたり、宛先の登録名が実際の氏名と異なる場合や、アドレス帳に未登録の場合も要注意です。

しかし、検索時のヒット漏れの大部分は、本文中に相手の名前を入れておくことで回避できます。なぜなら、検索は本文の内容に対しても行われるからです。具体的には、メール作成時に**本文の冒頭に「○○様」のように相手の名前を必ず記載します**。実質的な本文の内容が1行しかないような短いメールでも、必ず相手の名前を入れましょう。また、これにより相手が返信する場合の**引用部分にも名前が含まれるようになり、ヒット率を上げることができます**。

本文の冒頭に「○○様」を入れることはメールのマナーでもありますが、検索の効率を上げるという実務上のメリットもあるのです。

🖥 ATTENTION !

アウトルックの検索ボックスで検索する場合は、「"○○様"」のように前後にダブルクォーテーションを付けないと、「様」のない「○○」もヒットしてしまうので注意しましょう。

3 — 05

時短
30分

メールの処理忘れを撲滅する!

受信したメールに目を通したとき、何らかの処理が必要なものを見つけたら、その場で目印を付けておくのが処理漏れを防ぐための鉄則です。また、その目印が多くのメールに埋もれてしまわないように注意することも大切です。そのために活用すべき機能が「フラグ」と「アーカイブ」です

対処が必要なメールにはフラグを付ける

　新着メールをチェックする際、**あとで何らかのリアクションが必要なメールを見つけたら、アウトルックの場合は「フラグ」を付けます**。フラグはマウス操作でも付けられますが、キーボードの Ins を使ったほうがスピーディーです。

　フラグを付けたメールへの対処が済んだら、もう一度 Ins を押してフラグを完了のチェックマークに変更してから、Backspace でアーカイブします。**アーカイブとは、「もう処理が終わったので読む必要はないが、念のために残しておきたい」というメールをまとめておくための機能です**。処理済みのメールをどんどんアーカイブしていけば、受信トレイをすっきりと整理でき、重要なメールの見落としを防げます。アーカイブしたメールは削除されるわけではなく、専用のフォルダーに移動するだけなので、あとで必要になった場合はいつでも読み返すことができます。

　このようにフラグの残りを減らす方向でメールを処理していけば、うっかり忘れをなくすことが可能です。ただし、あまりにもフラグの付いたメールが多いと、フラグの意味がなくなります。フラグの付いたメールは、ひと目で把握できる程度の数を超えないように努力することも重要です。

Point

Gmailでは、アウトルックのフラグと同様の機能は「スター」と呼ばれます。アウトルックとGmailは使い方やショートカットキーに異なる部分もありますが、考え方は似ているので参考にできます。

■ 処理が必要なメールにフラグを付ける

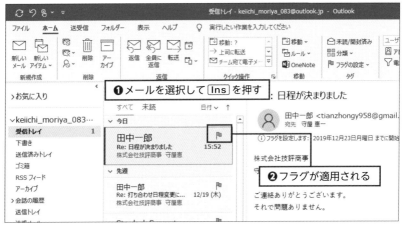

一覧からメールを選択して [Ins] を押すと（❶）、そのメールにフラグが適用される（❷）。何らかの処理が必要なメールには、すべてフラグを付けておこう

Point

メール一覧の右上にある［日付∨］をクリックして［フラグの状態］を選択すると、フラグ付きのメールが一覧の上部に表示されます。処理が必要なメールをまとめて確認したいときは、この方法で表示しましょう。

■ メールをチェック済みにしてアーカイブする

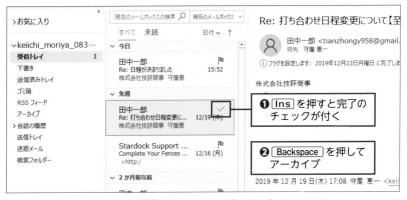

フラグ付きのメールを選択して [Ins] を押すと、フラグの状態が完了を示すチェックマークに変わる（❶）。そのあと [Backspace] を押してアーカイブしておこう（❷）。なお、メールアカウントの種類によっては、はじめてアーカイブを利用するときに確認のダイアログが表示されるので、［アーカイブフォルダーの作成］をクリックする

フラグを付けたメールは一覧ですべてを確認できる数まで常に減らしておくのがベストですが、収まり切らない場合は、To Doバーでタスクを表示しておくといいでしょう。

■ To Doバーで未処理のタスクを表示しておく

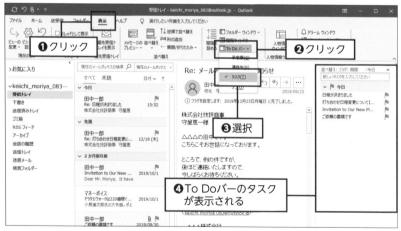

未処理のメールの数が多くて一覧では表示しきれない場合は、To Doバーを表示して常にタスクが確認できるようにするとよい。それには［表示］タブをクリックし（❶）、［レイアウト］グループの［To Doバー］をクリックする（❷）。表示されたメニューで［タスク］を選択すると（❸）、画面の右側にフラグ付きメールの一覧が表示される（❹）

アウトルックで「タグ」や「ラベル」を使いたい

Gmailを使っている人は、アウトルックでもラベルが使えたらいいのに……と思うことがあるでしょう。まったく同じ機能ではありませんが、アウトルックでも似たようなことはできます。フォルダー分けとは違って目印を付けるだけなので簡単です。

💻 色分類項目などの代替手段で対応

　メールをフォルダーに分けて整理している人は多いかもしれませんが、この方法には大きな欠点があります。それは、**1つのメールは1つのフォルダーにしか入れられない**ということです。たとえば「取引先から来た見積依頼のメール」を、「取引先」と「見積依頼」という2つのフォルダーに入れることはできません。このように送信者や内容など複数の条件で分類するために使われるのが、タグやラベルと呼ばれる機能です。**Gmailのラベル機能は非常に便利ですが、実はアウトルックでも「色分類項目」という機能を使って似たようなことができます**。色分類項目は、単にメールを色分けするだけでなく、タグと同じように好きな項目名を付けてメールを分類できる機能です。1つのメールに複数の項目を割り当てることができ、付けたり外したりするのも簡単です。よく使う色分類項目にショートカットキーを設定しておけば、キー操作だけでサクサク分類することも可能です。同じ項目に分類したメールは検索機能を使って素早く抽出でき、読みたいメールをサッと見つけられます。

📺 **ATTENTION！**

色分類項目を使えるのは、Outlook.comおよびPOPアカウントのメールに限られます。GmailなどのIMAPアカウントでは利用できないので注意しましょう。非対応のアカウントでタグやラベルのような機能を使いたい場合は、後述する「検索フォルダー」を使うとよいでしょう。なお、ウェブ版のGmailで作成したラベルは、アウトルック上ではフォルダーとして扱われます。

■ メールに色分類項目を適用する

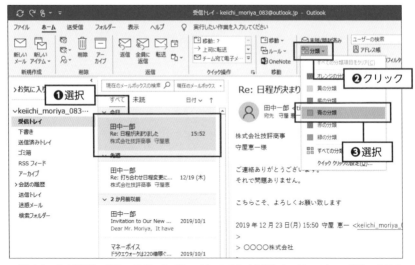

一覧でメールを選択し（❶）、リボンの［ホーム］タブの［分類］をクリックして（❷）、表示されたメニューから適用したい色分類項目を選択する（❸）

🖥 **ATTENTION !**

色分類項目をたくさん追加している場合、［分類］のメニューには最近使ったものから順に15個までしか表示されません。別の分類項目を適用したいときは、メニューから［すべての分類項目］を選択し、表示されるダイアログで目的の項目にチェックを付けましょう。

■ 初回のみ名前や色などの確認が必要

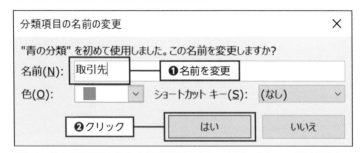

はじめて使う分類項目の場合は［分類項目の名前の変更］ダイアログが表示されるので、必要に応じて［名前］の内容を変更し（❶）、［はい］をクリックする（❷）

COLUMN

色分類項目の追加や設定変更を行う

リボンの［ホーム］タブで［分類］→［すべての分類項目］をクリックすると、［色分類項目］ダイアログが表示され、色分類項目の追加や削除、名前や色の変更ができます。色は25種類が用意されていますが、もっと多くの分類項目を追加することも可能です。また、各分類項目にショートカットキーを設定することもできます。ただし、ショートカットキーは11個までしか使えないので、よく使う項目に割り当てておくとよいでしょう、

色分類項目を適用したメールは、検索ボックスを使って簡単に見つけられます。キーワードやフラグなどの検索条件と組み合わせることもできるので、「『企画書』というキーワードを含み、色分類項目が『取引先』で、フラグが付いたメール」といった絞り込みも可能です。

■ 色分類項目でメールを絞り込み検索する

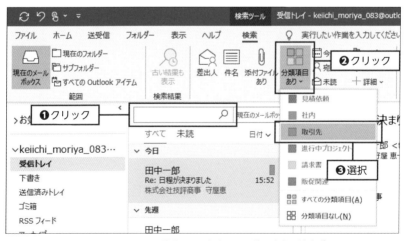

特定の色分類項目を適用したメールを検索したい場合は、一覧の上部の検索ボックスをクリックし（❶）、リボンの［検索］タブで［分類項目あり］をクリックして（❷）、探したい分類項目を選択する（❸）

「検索フォルダー」でメールを探す手間を軽減

特定の条件でメールを検索することが何度もある場合、そのたびに検索条件を指定するのは手間がかかります。そんなときは「**検索フォルダー**」**を利用しましょう。あらかじめ検索条件を設定しておくことで、その条件に一致するメールの一覧をワンクリックで表示できます。**通常のフォルダーとは異なり、メール本体が元の場所から移動するわけではないので、タグやラベルと同じような感覚で使えます。

■ 新しい検索フォルダーの作成を開始する

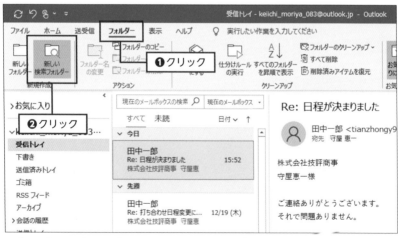

リボンの [フォルダー] タブをクリックし (❶)、[新しい検索フォルダー] をクリックする (❷)

■ フォルダーの検索条件を設定する

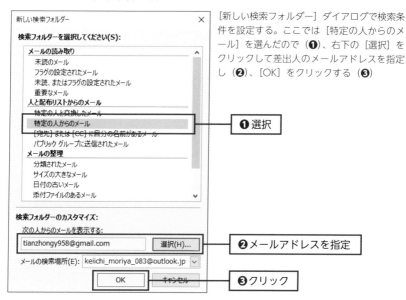

❶選択

❷メールアドレスを指定

❸クリック

[新しい検索フォルダー] ダイアログで検索条件を設定する。ここでは [特定の人からのメール] を選んだので (**❶**)、右下の [選択] をクリックして差出人のメールアドレスを指定し (**❷**)、[OK] をクリックする (**❸**)

■ 検索フォルダーの内容を表示する

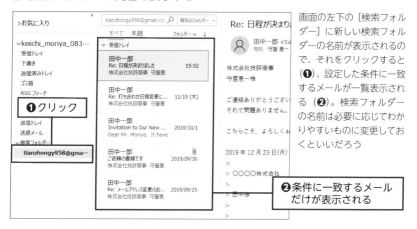

❶クリック

**❷条件に一致するメール
だけが表示される**

画面の左下の [検索フォルダー] に新しい検索フォルダーの名前が表示されるので、それをクリックすると (**❶**)、設定した条件に一致するメールが一覧表示される (**❷**)。検索フォルダーの名前は必要に応じてわかりやすいものに変更しておくといいだろう

Point

複数の条件を組み合わせて検索フォルダーを作りたい場合は、[新しい検索フォルダー] ダイアログで、リストの最下部にある [カスタム検索フォルダーを作成する] を選択しましょう。

3 — 07

時短
15分

大容量のファイルを送信したいときはどうする?

資料などのファイルを添付して送ることができるのはメールの便利な点ですが、あまり大きなファイルを添付するのは相手に迷惑な場合もありますし、メールサービスによっては容量制限に引っかかって送信できないこともあります。そんなときは、オンラインストレージを使って共有しましょう。

📄 OneDriveのファイル共有機能を利用する

ファイル共有に利用できるオンラインストレージはいろいろありますが、**Windows 10でもっとも手軽に使えるのはOneDriveです**。エクスプローラーで[OneDrive]フォルダーにファイルを入れておけば自動的にアップロードされるので、準備に手間がかかりません。あとは**[共有]メニューからファイルのリンクを取得し、メールに貼り付けて送信する**だけでOKです。受信した相手がメール内のリンクをクリックすると、ブラウザでOneDriveにアクセスしてファイルを入手できます。相手側がOneDriveのユーザーでない場合や、Windows以外のOSを使っている場合でも問題なく共有が可能です。また、パスワードによる保護や編集権限の設定にも対応しているので、業務で使うファイルの共有も安心です。

■ OneDriveでファイル共有を開始する

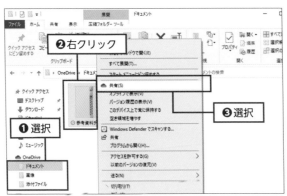

エクスプローラーで[OneDrive]を選択し(❶)、その中の適当なフォルダーに送りたいファイルを入れておく。そのファイルのアイコンを右クリックし(❷)、表示されたメニューで[共有]を選択しよう(❸)

■ OneDrive上のファイルのリンクをコピーする

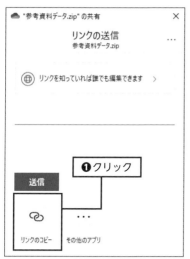

["○○○"の共有] ダイアログが表示されたら、[リンクのコピー] をクリックする（**❶**）。なお、ファイルを閲覧できるユーザーなどを制限したい場合は、リンクをコピーする前に設定しておく必要がある（下のコラム参照）

Point このダイアログで相手のメールアドレスを入力し、通知を送信することも可能です。また、[その他のアプリ] をクリックすると、標準の [メール] アプリの新規メールにリンクをコピー＆ペーストすることも可能です。

COLUMN
パスワードなどを設定して安全に共有する

上記の画面でそのまま [リンクのコピー] をクリックすると、リンクさえ知っていれば誰でもファイルを閲覧・編集できるため、仕事上の重要なファイルを共有するには問題があります。設定を変更するには、[リンクを知っていれば誰でも編集できます] をクリックしましょう。第三者が勝手に開くのを防ぎたい場合は、パスワードを設定します。また、共有相手に閲覧のみ許可して編集は許可したくない場合は、[編集を許可する] のチェックを外します。さらに、ファイルを利用できる有効期限を指定することも可能です。

■ メールの本文にリンクのURLをペーストする

メールを作成し（❶）、本文中に先ほどコピーしたリンクのURLをペースト（貼り付け）する（❷）。メールを受信した相手がURLをクリックすると、ブラウザが起動してOneDrive上のファイルが表示され、ダウンロードしてもらえる

 COLUMN

ファイル転送サービスを利用する

　大きなファイルを送信するには、専用のファイル転送サービスを利用する方法もあります。その中でも人気の高いサービスが「firestorage」（https：//firestorage.jp/）です。容量無制限でファイルをアップロードでき（1ファイルあたりの上限は無料プランなら2GBまで）、パスワードや保存期間の設定も可能です。会員登録なしでも使えますが、登録すればファイル管理などの便利な機能を利用できます。

3 - 08

時短
20分

メールの環境はできるだけGmailに統一する

Gmailはメールサービスとしての多彩な機能が魅力的であるだけでなく、同じグーグルが提供するサービスと連携して使うことができる点も便利です。他のメールサービスのメールも扱うことができるので、可能ならGmailにすべて集約して管理するといいでしょう。

💻 メールアカウントで多彩な機能が利用可能

メールアプリはアウトルックに限ると決められている企業もまだまだ多いですが、もし自由に選択できるのであれば、ぜひGmailを使いましょう。Gmailは無料で大容量のメールサービスとして知られていますが、メリットはそれだけではありません。**ラベルやフィルターによる効率的な分類、詳細な条件を指定できる検索機能、高精度な迷惑メールフィルター**など、優れた機能を豊富に備えています。データはすべてオンラインで管理する仕組みなので、複数のパソコンやスマートフォンなどで同じメール環境を使える点も便利です。

また、Gmail以外のメールアカウントを登録し、まとめて管理することもできます。プロバイダーや会社のメールアドレスなどに届いたメールをGmailで受信でき、それらのアドレスから送信することも可能です。**メールアドレスをいくつも使い分けている人なら、Gmailで一元管理することで大幅な省力化につながります。**

ここでは、Gmailの便利な機能のうち、代表的なものを簡単に紹介しておきます。

Point

Gmailを含むグーグルのビジネス向けサービスとして「G Suite」があります。メール管理をGmailに一任しつつ、独自ドメインによるメールアドレス（@会社名.jpなど）が使えます。

■ Gmailをパソコンのブラウザで使う

Gmailの機能をフルに利用するには、ブラウザにChromeを使うのがベストだ。各種設定を変更するには、右上の歯車アイコンをクリックし（❶）、[設定]を選択する（❷）

Point

Gmailは端末を選ばず、共通の設定で使えるのが特徴です。ウェブ版での設定の多くが、ほかの端末やアプリでも共有されます。

■ Gmailで別のメールアカウントを利用する

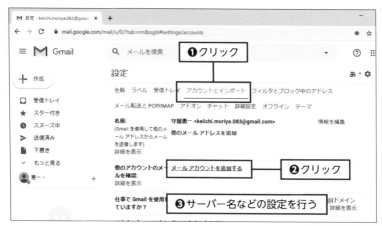

Gmailではプロバイダーのメールなど、ほかのメールサービスのメールも利用できる。それには[設定]画面の[アカウントとインポート]をクリックし（❶）、[メールアカウントを追加する]をクリック（❷）。以降は画面の指示に従って、メールサーバーの名前などの設定を進めよう（❸）

Point 別のアカウントに届いたメールをGmailで確認するには、元のメールアカウント側で自動転送を設定し、転送先にGmailを指定するという方法もあります。

◼ 条件を詳細に指定して高度な検索ができる

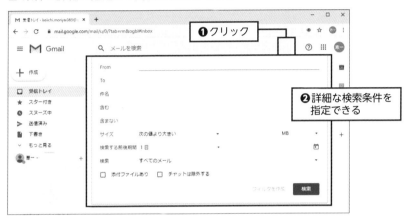

上部の[メールを検索]の右にある[▼]をクリックすると（❶）、詳細な条件を指定してメールを検索することができる（❷）

◼ フィルターを使ってメールを自動的に処理する

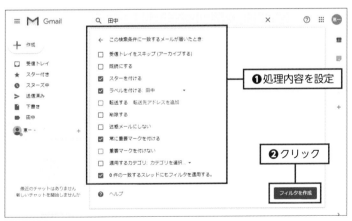

フィルターを使うと、条件に一致するメールにラベル付けなどの処理を自動で行える。メールの検索画面で[フィルタを作成]をクリックし、条件を設定して（❶）、[フィルタを作成]をクリックしよう（❷）

■ Googleドライブと連携してファイルを添付

メール作成画面で [ドライブを使用してファイルを挿入] をクリックすると（❶）、Googleドライブに保存されているファイルを添付したり、リンクを送信したりできる（❷）

❶クリック

❷ファイルの添付やリンクの送信ができる

■ Googleフォトでスマホの写真も簡単に送信

メール作成画面で [写真を挿入] をクリックすると（❶）、Googleフォトに保存されている画像を添付したり、メールの本文中に挿入したりできる（❷）。スマホで撮影した写真もGoogleフォトで同期を設定していれば、パソコンから簡単に送信できる

❶クリック

❷画像の添付や挿入ができる

3-09

ビジネスチャットはメールより どこが優れているのか

ここ数年でビジネスチャットは急速に広まりつつあります。Slack（スラック）やチャットワークといったサービス名を聞いたことがある人も多いでしょう。ここでは、そもそもビジネスチャットとは何か、どういうメリットがあるのかについて触れます。

ビジネスチャットの特徴を知っておく

まず「ビジネスチャットとは何か」を簡単に定義しておきましょう。**チャット用のツールやサービスのうち、業務に利用するための特徴を備えたものがビジネスチャット**です。個人向けチャットとは異なり、チャットのログ（記録）が残り、複数のメンバーで同時にメッセージの交換が簡単にできます。管理者を設定でき、メンバーの権限を管理者が自由に変更できるのも特徴です。

なぜ今、ビジネスチャットに注目が集まっているのでしょうか。それは、ますますビジネスのスピードが上がってきて、メールや電話だけでは対応しきれなくなってきたからです。

なぜメールではダメなのか

ビジネスチャットでできることは、だいたいメールでもできます。それでも**ビジネスチャットが導入される最大の理由は、「メールが遅すぎるから」**です。「遅すぎる」とはどういうことか、ビジネスチャットから見た、メールのデメリットを挙げてみましょう。

①送信したメールが相手に届くまでのタイムラグが大きい
②コミュニケーションにノイズが入りやすい
③メールアプリは、動作が重いものが多い
④メールはマナーが確立しており、簡略化しにくい

⑤送信したメールを取り消したり、内容を修正したりできない
⑥送信したメールが相手に届かないことがある

　以下、細かく解説していきます。
　①送信したメールが相手のメールサーバーに届くまでの時間は、実はそれほど長くありません。しかし、サーバーに届いたからといって、受信者のパソコンなどにすぐダウンロードされるのではなく、数分あるいはそれ以上かかることもあります。そのため、短いメッセージであっても、1往復するにはそれなりの時間がかかります。
　②メールは、アドレスさえわかれば、誰でも送りつけることができます。これは大きなメリットである一方、迷惑メールをはじめ、宣伝メールなど不要なメールが大量に飛び交うことになっています。
　③職場ではアウトルックを使うケースも多いのですが、動作が重く、しかも不安定です。機能を絞り込んだメールアプリの中には軽量なものも存在しますが、ユーザーはそれほど多くありません。
　④メールに関するマナーの本が数多く出版されていることもあって、メールのマナーはほぼ確立しています。「メールには、宛名もあいさつも要らない。簡単なメールで済ませるべきだ」という考え方をする人もいますが、多くは社会的な地位のある人です。一般の事務職・営業職の人は、地位の高い人のマナーをそのまま取り入れるわけにはいきません。
　⑤メールはデータを相手に送りつけてしまうので、いったん送ってしまえば、通常は修正も取り消しもできません。
　⑥セキュリティのためのシステムによって必要なメールが誤って削除されてしまうことは、実は珍しくありません。発生頻度は低くても、「メールを送ったのに届いていない」はクリティカルな問題に発展しがちです。

なぜビジネスチャットなのか

　ビジネスチャットは、**メールの問題点である「遅さ」や「不確実さ」を解決するツール**であり、すでに挙げたデメリットの大半をクリアしています。ここでビジネスチャットの特徴をチェックしておきましょう。

①メッセージがほぼリアルタイムに送受信できる

②会話への参加者を限定できるので、ノイズをシャットアウトできる

③パソコンのブラウザや専用アプリを使える

④もともとチャットなので、簡略化したやりとりが可能

⑤間違った情報を投稿してしまったら、修正・削除できる

⑥投稿したメッセージが届かないと、必ず気づく

　まず知っておきたいのが、ビジネスチャットのおおざっぱな仕組みです。たとえるなら掲示板のようなもので、サーバー上にメッセージを投稿し、みんなで見に来る……という形になります。

　メールとの違いという観点からビジネスチャットの機能を見ていきます。

　①メッセージを投稿すると、1秒も経たずに相手に表示されます。ほとんどリアルタイムだといってもいいでしょう。

　②ビジネスチャットのメッセージ交換の場（グループチャットやチャンネルと呼びます）は、参加者の数や、オープンなのかクローズドなのかによって、数種類に分かれます。大半のビジネスチャットでは、1対1でメッセージを交換するダイレクトメッセージも用意されていますが、主に用いられるのは複数のメンバーで構成される場所です。設定によっては、管理者が参加できるメンバーを選定できるので、ノイズの入り込む余地がほとんどありません。

　③ビジネスチャットは、大半が文字だけのやりとりになるので、ブラウザや専用アプリを使えば動作を軽くできます。

　④ビジネスチャットは新しいツールなので、マナーを簡略化しやすいといえます。場合によっては、用件だけのやりとりが許されます。

　⑤ビジネスチャットではメッセージがサーバー上に保存され、閲覧時のみブラウザや専用アプリに読み込まれます。そのため、投稿したメッセージの修正や削除が可能で、誤った情報や不適切な文言を投稿してしまっても取り消すことができます。

　⑥自分が投稿したメッセージが表示されているかどうかを確認できるので、相手に届いているかどうかを心配する必要はありません。

ビジネスチャットにはどんなものがあるのか

　ビジネスチャットはいろいろなサービスが公開されています。ここでは国内でメジャーなものに限って簡単に紹介しておきます。

Slack（スラック）
https://slack.com/intl/ja-jp/
現在、もっとも勢いのあるビジネスチャット。米国発で、もともとプログラマーなどに好んで使われていましたが、現在は営業職や事務職の人にも使われるようになっています。

チャットワーク
https://go.chatwork.com/ja/
国内でビジネスチャットをもっとも早く提供していたサービスの1つです。国内発のサービスということもあり、日本の事情に合わせた機能が特徴で、大企業の採用例も多いです。

Microsoft Teams（マイクロソフト・チームズ）
https://products.office.com/ja-jp/microsoft-teams/
Office 365の1機能として提供され、爆発的に利用者が増えているといわれています。後発ということもあり、インターフェイスが洗練されています。

🖥 ATTENTION！

LINEのグループチャットやFacebookグループを業務に使っているケースも多いようですが、LINEはプライベートのアカウントと混じりやすく、いわゆる「誤爆」の危険が高いです。また、複数のグループを連携することはできず、パソコンで使いにくい、データの保存に難があるなど、ビジネスには使いづらいといえます。Facebookグループは、個人のアカウントを利用することになるので、プライバシーや情報管理の面で問題があります。さらに、人数が増えたときの管理にも不安が残ります。

COLUMN
メールのメリットはないのか

　ここでは、メールのデメリットばかり挙げてきましたが、もちろんメリットもあります。さまざまなツールがメールを手軽かつ安価に扱うことができ、転送設定も簡単です。ビジネスチャットでも転送にあたるような機能を実現できますが、かなり制限があります。

3—⑩

時短 10分

ビジネスチャットの
マナーを知っておく

ビジネスチャットは新しいツールなので、マナーはまだハッキリと決まって
いない場合が多いでしょう。どういうマナーを守れば、快適に時短につなが
るかをここでは考えてみます。

適度なマナーを心がける

まず最初に指摘しておきたいのは、**マナーやルールを複雑にすればする
ほど、基本的に時短からは遠ざかってしまう**ことです。マナーを決めるに
しても、ミスやトラブルにつながらない、最低限のものにとどめておくべ
きです。**業務内容やスタッフ構成に合った、できるだけシンプルなマナー
を全員で守るようにする**といいでしょう。なお、以下の解説では、Slack
の用語と機能をベースにしています。ほかのサービスでは用語や機能が若
干異なります。

① **目的に合ったチャンネルを設置する**
② **メンションで誰宛のメッセージなのかを明確にする**
③ **チャンネルの趣旨に沿った発言を心がける**
④ **絵文字などの使い方は必要に応じて緩いルールを設ける**
⑤ **趣旨の変わる内容の書き換えには注意する**
⑥ **返信の必要なメッセージには早めに反応する**
⑦ **チャンネルの外側で読まれる可能性を考慮する**

①これは主に管理者に関係ありますが、ユーザー数や業務量に比べてチ
ャンネル数が少ないと、チャンネルごとの投稿数が多くなりすぎて混乱が
生じます。テーマごとにチャンネルを設置し、話題の分散を図ります。

②メッセージ中に「@」+「ユーザー名」という文字列（メンション）
を入れることにより、指名された人に通知が送られます。また、誰が返事
をすればよいのかもわかりやすくなるため、基本的に**メンションなしで投**

稿することは避けましょう。

　③チャンネル内で盛り上がってくると、業務と直接関係ない話が混じってくるかもしれません。雑談をすべて禁じる必要はありませんが、ノイズが大きくなりすぎないように、雑談用などのチャンネルに移動するようにします。

　④一般には仕事のやりとりで絵文字を使うことは少ないですが、ビジネスチャットの場合は工夫次第で便利に使えます。たとえば「メッセージを読んだらサムズアップのアイコンを投稿する」と決めておけば、わざわざ「確認しました」「了解です」などと返信する手間が不要になります。メッセージを投稿した側も、相手が読んだかどうか気にする必要がなくなります。ここで重要なのは、明確なルールとして全員に周知しておくことです。絵文字の理解にずれがあってコミュニケーションに問題が生じることもあり得るので、ルールで決めた以外の使い方は避けるべきでしょう。

　⑤メッセージの編集については、投稿後、1時間以内に限定するなど、管理者はある程度の制限を付けるべきです。ある議題に関して、最初は賛成だったのに反対に意見を変えるなど、状況を大きく変えてしまう判断をしたことがほかのメンバーに伝わりにくい運用をすべきではありません。

　⑥「メールより速い」ことがビジネスチャットのメリットの1つなので、読んだことだけでも素早く返信すべきでしょう。SNSの「いいね」のようなリアクションを付けることも可能です。

　⑦メールよりもメッセージ内容が第三者にオープンになりやすいので、そのチャンネルに属さない人に伝わっても問題のない書き方をすべきです。

過剰なマナーを取り入れないようにする

　最初に述べたように、マナーやルールが複雑になればなるほど、より多くの手間と時間が消費されます。**せっかくメールより速いコミュニケーション手段を選ぶのですから、マナーの取り決めは最小限にとどめるべきです**。たとえば、「上司にメンションを飛ばしてはいけない」「メッセージには宛名や名乗りを必ず含める」「重要な内容はメールで伝える」といったマナーを唱える人がいるようですが、少なくともビジネスチャットを利用するすべての人に当てはまるものではありません。

メンションは読んでほしい全員に対して使うべきですし、宛名はメンションで代用します。アイコンやユーザー名でわかるので、名乗りも不要です。メール内容をすべて保存するなどのセキュリティポリシーがあれば別ですが、そうでなければ、ビジネスチャットにまとめてしまったほうが時短の面では効果があります。

今後、ビジネスチャットが広まってくれば、妙なルールをしたり顔で語る人が増えてくると思われます。ビジネスチャットはシンプルさが命。マナーにこだわりすぎる罠に陥らないよう、くれぐれも注意してください。

COLUMN
ビジネスチャットは全能なのか

今後、ビジネスチャットの利用拡大は確実に進むと思われますが、メールで行われてきたコミュニケーションがすべてビジネスチャットに移行してしまうことはあり得ません。メールには、独自のアプリが不要で、多くの端末が送受信に対応しているなど、いくつもメリットがあります。

また、組織外の人とのやりとりは、基本的にビジネスチャットの守備範囲外です。むしろ、注目したいのはヘルプデスクのシステムです。従来は問い合わせ対応の分野で使われてきたシステムですが、それ以外の分野でも、多人数でのコミュニケーションに活用すると便利です。ヘルプデスクのシステムは、届いたメールを関係するメンバーで瞬時に共有でき、やりとりを1画面で見られる点がビジネスチャットと似ています。メーリングリストと一部似ている部分もありますが、高度な管理が可能であるところが大きく異なります。

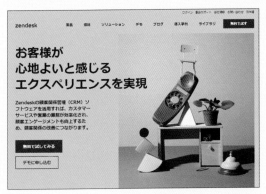

ユーザー数の多いヘルプデスクのシステムとして、「Zendesk」
(https：//www.zendesk.co.jp/) が挙げられる

3-⑪

時短 20分

タスク管理をパソコンで手軽に実行するには

自分が実行すべきタスクを管理して、期日までに仕上げるのは社会人として必須のスキルです。タスクの管理方法にはさまざまやり方がありますが、パソコンで管理したいなら、どういうサービスを使えば便利なのでしょうか。

💻 タスク管理に役立つサービス4選

タスク管理は、人によって好みが出やすいといえます。手帳に手書きがベストだという人もいれば、スマホアプリが性に合っている人もいます。**ピッタリくるものが見つかるまで、いろいろと試してみるのがよいでしょう。** ここでは、パソコンでタスク管理したいときに試してみたいサービスを、筆者がおすすめできるもの4つに絞って紹介します。

アウトルック

マイクロソフトのメールアプリ「アウトルック」はメール管理だけでなく、予定やタスクも一元管理できます。Microsoftアカウントさえあれば利用できるので、別途サービスを登録する必要がありません。タスク機能はシンプルなインターフェイスですが、**優先度や進捗度の設定、リマインダー、メモなど、** ひととおりの機能を備えています。登録したタスクは、メールやSkypeでほかのユーザーと共有することも可能です。

■ メールや予定と一括管理できる

メールと同じアプリでタスクを管理できるのがメリット。メールの内容から簡単にタスクを作成するといった連携も可能

Any.do

　パソコンとスマホの両方でタスク管理をしたい人におすすめなのが、定番タスク管理サービス「Any.do」（https://www.any.do/）です。インターフェイスは英語ですが、タスクの内容は日本語も問題なく利用できます。**タスクは「Today（今日）」「Tomorrow（明日）」「Upcoming（近日中）」「Someday（いつか）」の4種類に分類されるので、視覚的にわかりやすく管理できます。**SlackやDropbox、Google ドライブとも連携可能です。

■ シンプルで使いやすい

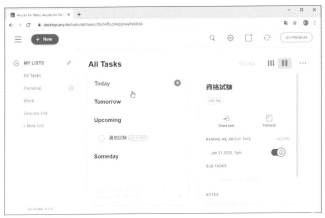

見た目のシンプルさが最大の特徴。スマホアプリも用意されているので、外出時にもタスクの確認が可能

Trello

　「Trello」（https://trello.com/）は、ボードタイプのインターフェイスが特徴です。**タスクは1つずつカードに入力し、カードを縦1列に並べてリストとして管理**できます。1枚のボード上には複数のリストを並べられるので、わかりやすくタスクを階層化して管理できます。

　また、タスクにほかのユーザーを招待することで、タスクについての進捗や相談をチャット形式でやりとりできるのも、大きなメリットです。個人で毎日のタスクを管理するには高機能すぎるかもしれませんが、**チームでタスク管理したいときは、最初に検討したい**サービスです。

■ 階層化してタスクを管理できる

海外のサービスだが、日本語に対応しているので使いやすい。タスクを1つずつカードに書き込み、種類別にリストに分けて管理できる。さらに、ラベルによる分類やリマインダーの設定、完了したタスクのアーカイブなど、豊富な機能がある

Dynalist

　最後に紹介したいのは「Dynalist」（https://dynalist.io/）です。これはタスク管理のためのサービスではなく、もともと**「アウトライナー」と呼ばれるアイデア整理のためのサービスですが、工夫次第でタスク管理にも利用できます**。

　ショートカットキーで終了したタスクに取り消し線を引いたり、下の階層の項目を折り畳んで非表示にしたり、項目の順番や位置を変更したりできる機能があります。

■ タスクの整序が簡単にできる

アウトライナーとしては「WorkFlowy」のほうが定番だが、無料プランでは月間登録スレッド数に制限があるため、ここでは無料でも制限なく利用できる「Dynalist」をおすすめしたい

3-⑫

時短 15分

イベントや予定を
絶対に忘れないようにする

イベントや予定をうっかり忘れてしまうと他の人に迷惑がかかるばかりか、信頼を失ってしまうことにも繋がります。絶対に忘れないようにするため、予定をしっかり管理できるツールを使いましょう。

🖥 Googleカレンダーかアウトルックを利用する

　大切な予定の"忘れ"を防ぐためにおすすめなのが、ネットで予定を管理できる「オンラインカレンダー」です。登録した予定をパソコンやスマホで管理できるのはもちろん、重要な予定にリマインダーを設定することで、指定した日時に予定があることを前もって知らせてくれます。

　このような**オンラインカレンダーの定番といえば、「Googleカレンダー」**です。Googleアカウントがあれば誰でも無料で利用でき、Gmailや
Googleマップなどの各種サービスとの連携に優れています。1つの予定に
リマインダーを複数設定できるので、何度でも通知を受け取れます。絶対
に予定を忘れたくない人におすすめです。

■ Googleカレンダーで予定を新規作成する

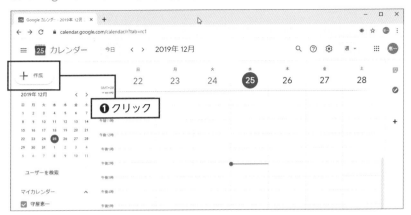

Googleカレンダー（https://calendar.google.com/）にアクセスし、画面左上の［作成］をクリックする（❶）

■ 予定の内容を登録する

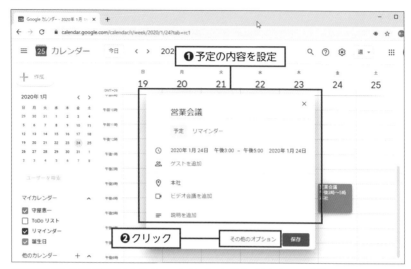

予定の新規作成画面が表示されるので、タイトルや日時などを入力する（❶）。続いて、［その他のオプション］をクリックする（❷）

■ 予定にリマインダーを設定する

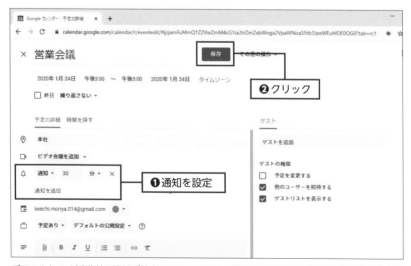

デフォルトでは30分前の通知が設定されているので、必要に応じて通知の日時や通知方法を変更しておこう（❶）。なお、通知を複数設定したい場合は、［通知を追加］をクリックすれば通知を追加できる。編集が完了したら、［保存］をクリックして終了する（❷）

アウトルックでは「予定表」機能を使ってスケジュールを管理できます。メールアプリとしてアウトルックを使っているなら、選択肢に加えてもいいでしょう。すでに紹介したタスク機能との連携も可能です。

■ アウトルックで予定を登録する

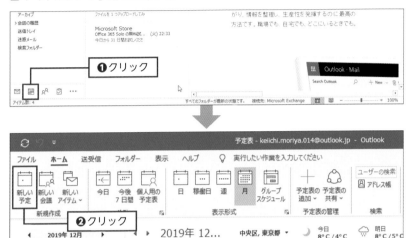

アウトルックの画面左下にある［予定表］アイコンをクリックして（❶）、予定表画面に切り替える。続いて、［新しい予定］をクリックして（❷）、予定の登録に進む

■ 予定の内容やアラームを設定する

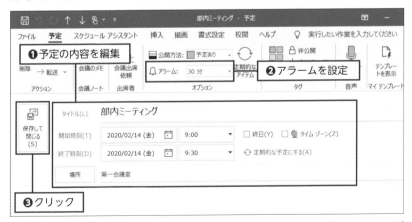

予定の名前や日時などを入力する（❶）。デフォルトでは30分前のアラームが設定されているが、必要に応じてアラームの日時を変更する（❷）。アウトルックではアラームを1つしか設定できないことに注意したい。編集が完了したら、［保存して閉じる］をクリックして終了する（❸）

3 — ⑬

時短 10分

パソコン画面を他人に見てもらう最短手順は?

パソコンの画面をほかの人に見てもらいたいとき、スマホなどのカメラで撮影すると、きれいに撮影できないことが少なくありません。どうすればいいのでしょうか。

「切り取り&スケッチ」で画面撮影する

パソコン関連のマニュアルを作成したり、トラブルの解決を遠隔地にいる人に依頼するとき、パソコンの画面を撮影した画像が欠かせません。この画像のことを「スクリーンショット」といい、画像を取得することを「画面キャプチャ」などといいます。

Windows 10には、スクリーンショットを簡単に撮影できる「切り取り&スケッチ」というツールが標準で搭載されています。「切り取り&スケッチ」では、必要に応じて切り取る範囲を簡単に指定して保存できます。

■「切り取り&スケッチ」を呼び出す

❶ ■ + Shift + S を押す

❷「切り取り&スケッチ」が起動

キャプチャしたい画面を表示した状態で、■ + Shift + S を押して（❶）、「切り取り&スケッチ」を起動する（❷）

■ 切り取り範囲を選択する

[四角形の領域切り取り]、[フリーフォーム領域切り取り]、[ウィンドウの領域切り取り]、[全画面表示の領域切り取り]の4種類から、任意の切り取り範囲を選択する（❶）。切り取りが完了したら、画面右下に表示される通知をクリックする（❷）

■ 名前とファイル形式を指定して保存する

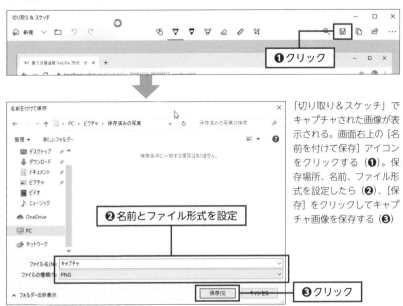

「切り取り＆スケッチ」でキャプチャされた画像が表示される。画面右上の［名前を付けて保存］アイコンをクリックする（❶）。保存場所、名前、ファイル形式を設定したら（❷）、［保存］をクリックしてキャプチャ画像を保存する（❸）

Point

キャプチャ後にオフィスアプリや画像処理アプリに貼り付けるので
あれば、[PrintScreen] を押してデスクトップ全体をクリップボード
にコピーしてから貼り付けるのも便利です。アクティブなウィンド
ウだけをキャプチャする場合は [Alt] + [PrintScreen] を押します。ま
た、[⊞] + [PrintScreen] を押せば、キャプチャから保存まで一括で行
うことができます。保存場所は [ピクチャ] 内の [スクリーンショ
ット] というフォルダーで、ファイル名は自動的に命名されます。
なお、これらのショートカットキーはWindows 8.1でも使えます。

ＣＯＬＵＭＮ
縦長のウェブページをキャプチャする

　ブラウザで表示したウェブページをキャプチャしたいときに困るのが、縦長
のページだと全体が1つの画像に収まらないことです。そこで便利なのが、
Chromeの拡張機能「FireShot」です。メニューから [ページ全体をキャプチ
ャ] を選択すれば、ページの最下部まで自動的にスクロールして撮影してくれ
ます。なお、インストールするときはChromeウェブストア (https：//chrome.
google.com/webstore/) から「FireShot」で検索しましょう。

Chromeのツールバーで
「FireShot」のアイコンをク
リックし、キャプチャ方法
を選択する。ページ全体の
ほか、表示部分や選択部分
のみのキャプチャも可能

第 4 章

エクセル・ワードを使った
文書作成のコツ

デスクワークに従事するビジネスパーソンにとって、エクセルとワードのスキルはなくてはならないものです。ただし、必要となる機能は、業務の内容によって大きく異なります。エクセルやワードは非常に多機能なアプリなので、すべての機能を知って使いこなすことは到底無理ですし、その必要もありません。自分が使用する機能だけスムーズに使えれば、それで十分です。

本章では、エクセルやワードが備える多くの機能の中から、特に頻繁に利用するものや大幅な時短につながるもの、そしていったん変更すれば、あとはずっと快適になる設定を紹介しています。例を挙げると、文字入力時に勝手に修正するオートコレクト機能をオフにする方法、エクセルのアクティブセルの移動をマウスなしで行う方法、キーボードだけで行や列を挿入する方法などがあります。

また、文書作成で避けて通れないPDFについても取り上げています。PDFはワード文書などと異なり、取り扱いにコツが必要です。PDF作成や注釈、分割・結合、OCRなどについて触れています。ぜひPDFの活用に役立ててください。

4 — ⑴

時短 **10分**

同じファイルを何度も開く 場合はどうすれば速い?

エクセルやワードなどで頻繁に閲覧・編集するファイルがある場合、いちい ち保存先のフォルダーから探して開くのは手間がかかります。もっと効率的 な方法を身につけて、作業開始までの時間を短縮しましょう。

🖥 最近使ったファイルの履歴から開けば速くて簡単

エクセルやワードでは、**起動時に表示される[ホーム]画面から最近使っ たファイルを簡単に開くことができます**。たとえば「エクセルで昨日やっていた作業の続きをやりたい」というときは、この方法が便利です。また、定期的に必要になる文書を毎回この画面から開きたい場合は、ファイルをピン留めして常に表示されるようにしましょう。

■[ホーム]画面から最近使ったファイルを開く

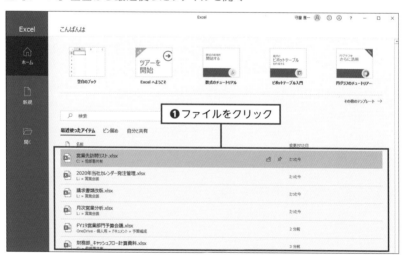

エクセルやワードを起動し、[ホーム]画面の下部にある[最近使ったアイテム]からファイルをクリックして開く(❶)。ピン留めしたい場合は、ファイル名にマウスポインターを合わせ、ピンのアイコンが表示されたらクリックする。なお、すでにアプリを起動している場合は、[ファイル]タブをクリックすれば[ホーム]画面を表示できる(一部のバージョンでは[ファイル]→[開く]で表示)

最近使ったファイルを簡単に開く方法は、ほかにもあります。タスクバーにアプリのアイコンが表示されている場合、右クリックで表示されるジャンプリストから開くと便利です。また、エクスプローラーの［クイックアクセス］からファイルを開く方法もあります。この2つの方法は、アプリの種類を問わずに使えるのがメリットです。

■ ジャンプリストからファイルを開く

タスクバーにあるアプリのアイコンを右クリックし（❶）、［最近使ったアイテム］から開きたいファイルを選んでクリックする（❷）。なお、この方法はオフィス以外のアプリでも利用できる

Point　［最近使ったアイテム］でファイル名にマウスポインターを合わせ、ピンのアイコンが表示されたらクリックすると、そのファイルがピン留めされ、常にリストの上部に表示されます。

■ クイックアクセスからファイルを開く

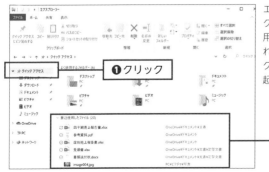

エクスプローラーで［クイックアクセス］を開くと（❶）、［最近使用したファイル］の一覧が表示される。ファイル名をダブルクリックすると（❷）、対応するアプリが起動してファイルが開く

ショートカットキーを忘れたときはどうする?

ショートカットキーの利便性はよく知られていますが、エクセルやワードの機能すべてにショートカットキーが割り当てられているわけではありません。そのような機能はマウス操作に頼るしかないのでしょうか。

💻 アクセスキーを活用して効率よく操作する

ショートカットキーがない機能を使いたい、あるいはショートカットキーを思い出せない……。そんなときは**「アクセスキー」を使いましょう。**Alt キーを押すと、リボンのタブやコマンドに英字や数字が小さく表示されます。利用したい機能に対応する文字キーを押すと、その機能を呼び出すことができます。リストから選ぶタイプの機能は、カーソルキーで選択して Enter を押せばOKです。

ただし、機能によってはいくつもキーを押す必要があり、逆に手間がかかってしまうこともあります。別の操作方法とうまく使い分けましょう。

■ Alt →文字キーでコマンドを呼び出す

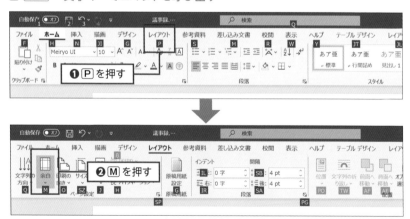

❶ P を押す

❷ M を押す

まず Alt を押し、リボンに表示される英字や数字のキーを押して、タブやコマンドを選択していく。たとえばワードで P を押すと [レイアウト] タブが開き（❶）、続いて M を押せば余白を設定できる（❷）

💻 よく使う機能を Alt + 数字キーで瞬時に呼び出す

　アクセスキーは状況によっては便利ですが、キーをいくつも続けて押す必要があるのが難点です。**よく使う機能をもっと簡単に呼び出したいなら「クイックアクセスツールバー」に登録しましょう。**タイトルバーの左側に追加したコマンドのアイコンが表示され、Alt + 数字キーを1つ押すだけで呼び出せるようになります。

■ クイックアクセスツールバーにコマンドを追加

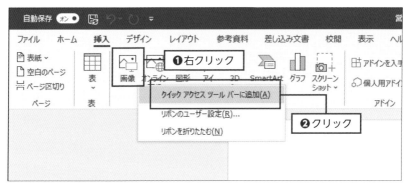

クイックアクセスツールバーに登録したいコマンドを右クリックし（❶）、［クイックアクセスツールバーに追加］をクリックする（❷）

■ Alt + 数字キーでコマンドを利用する

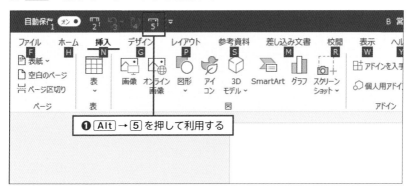

クイックアクセスツールバーにコマンドが追加された。Alt を押すと数字が表示されるので、該当するキー（この例では 5）を押す（❶）。なお、コマンドを削除したい場合は、右クリックして［クイックアクセスバーから削除］を選択すればよい

4 — ③

時短 **15分**

コピー&ペーストを
もっとうまく使いこなす

オフィスアプリのコピーには、実はいくつも種類があります。文字列のみを
コピーしたり、書式ごとコピーしたり、さまざまなコピー方法をうまく使い
分けるようにしましょう。

書式をコピーするかどうかを意識してみよう

エクセルやワードで文字列などをコピー&ペーストするときは、単純に
元のデータをそのまま貼り付ける以外にも、さまざまなテクニックを利用
できます。たとえば、別の文書やウェブページから文字列をコピーした場
合、通常の方法では不要な書式まで貼り付けられてしまいます。そんなと
きは、**書式を除外してテキストだけを貼り付けましょう。あとから書式を
修正するよりも効率的**に作業できます。

■ 通常の方法では書式も貼り付けられる

ウェブページから文字列をコピーし、ワードで Ctrl + V を押してペーストすると、元の書式
がそのまま適用される。書式を解除したい場合は、右下の［(Ctrl)］をクリックし（❶）、［テキ
ストのみ保持］をクリックする（❷）

■ 書式が解除されてテキストのみが保持される

ソーシャルメディアアカウント・ウェブページ一覧↵
技術評論社全般↵
Facebook：https://www.facebook.com/Gijutsuhyohron/↵
新刊情報等↵
技術評論社販売促進部↵   **❶書式が解除された**
Twitter：@gihyo_hansoku|↵
                        📋 (Ctrl) ▾

書式が解除され、文字色やフォントの種類、サイズなどがワードで設定したものに変更される。
URLなどのリンクも解除される（❶）

　逆に、**書式だけをコピーして別の場所に貼り付ける**ことも可能です。通
常のコピー＆ペーストとはショートカットキーが異なるので覚えておきま
しょう。この機能は原則としてオフィスアプリ同士のみで利用できます。

■ 書式のみを素早くコピー＆ペーストする

当社企業案内の一覧を作成します。技術評論社全般のページと新刊情報等のページについ
ては業務委託にて作成いたします。また販売店情報　　**❶ Ctrl + Shift + C を押す**
きます。本ウェブサイトのほかに，以下の公式・公認アカウントを運営しております。↵

以下のリストは定期的に見直ししています。必要に応じて追加・削除されることがあります

当社企業案内の一覧を作成します。技術評論社全般のページと新刊情報等のページについ

ては業務委託にて作成いたします。また販売店情報のページは委託先書店にて作成いただ

きます。本ウェブサイトのほかに，以下の公式・公認アカウントを運営しております。↵

❷ Ctrl + Shift + V を押す

以下のリストは定期的に見直ししています。必要に応じて追加・削除されることがあります

ので，あらかじめご了承ください。↵

書式をコピーしたいテキストを選択して Ctrl + Shift + C を押す（❶）。その書式を適用した
いテキストを選択して Ctrl + Shift + V を押すと、書式が適用される（❷）

文字列だけでなく、表をコピーして貼り付けることも可能です。この場合も、元の書式を保持するか、書式を解除して貼り付けるかを選択できます。特に、ウェブページから表をコピーする場合などに便利です。

■ ウェブページから表をコピーする

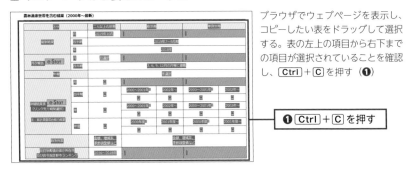

ブラウザでウェブページを表示し、コピーしたい表をドラッグして選択する。表の左上の項目から右下までの項目が選択されていることを確認し、[Ctrl] + [C] を押す（**❶**）

❶ [Ctrl] + [C] を押す

■ エクセルに貼り付けて書式を解除する

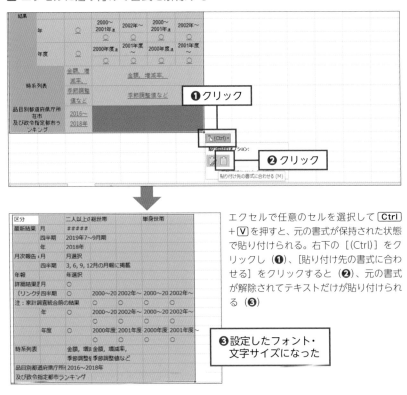

❶ クリック

❷ クリック

エクセルで任意のセルを選択して [Ctrl] + [V] を押すと、元の書式が保持された状態で貼り付けられる。右下の [(Ctrl)] をクリックし（**❶**）、[貼り付け先の書式に合わせる] をクリックすると（**❷**）、元の書式が解除されてテキストだけが貼り付けられる（**❸**）

❸ 設定したフォント・文字サイズになった

144

エクセルで表を作成したとき、「行と列を逆にすればよかった！」と思うことがあります。そんなとき、わざわざ手作業で修正する必要はありません。表をコピーし、行と列を入れ替えて貼り付ければ一瞬で完了します。この方法は、表の一部をコピーした場合にも使えます。

■ 元の表をコピーする

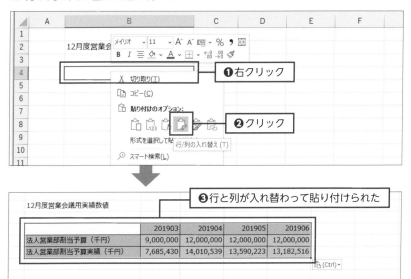

	法人営業部割当予算（千円）	法人営業部割当予算実績（千円）	差異（千円）
201903	9,000,000	7,685,430	-1,314,570
201904	12,000,000	14,010,539	2,010,539
201905	12,000,000	13,590,223	1,590,223
201906	12,000,000	13,182,516	1,182,516
201907	12,000,000	14,803,966	2,803,966
201908	12,000,000	14,359,847	2,359,847
201909	15,000,000	14,126,108	-873,892
201910	15,000,000	15,642,324	642,324
201911	15,000,000	15,173,055	173,055
201912	15,000,000	12,039,340	-2,960,660
202001	15,000,000		
202002	15,000,000		
202003	15,000,000		

❶選択

❷ Ctrl + C を押す

まず元の表を選択して（❶）、Ctrl + C を押す（❷）

■ 行と列を入れ替えて貼り付ける

❶右クリック

❷クリック

❸行と列が入れ替わって貼り付けられた

	201903	201904	201905	201906
法人営業部割当予算（千円）	9,000,000	12,000,000	12,000,000	12,000,000
法人営業部割当予算実績（千円）	7,685,430	14,010,539	13,590,223	13,182,516

12月度営業会議用実績数値

任意のセルを右クリックし（❶）、表示されるメニューで［行/列の入れ替え］をクリックする（❷）。するとコピーした表の行と列が入れ替わった状態で貼り付けられる（❸）

エクセルで作成した表をワードに貼り付ける際、そのまま貼り付けるとレイアウトがおかしくなってしまうことがあります。これを避けるには、図として貼り付けるといいでしょう。

■ 貼り付けのオプションで［図］を選択

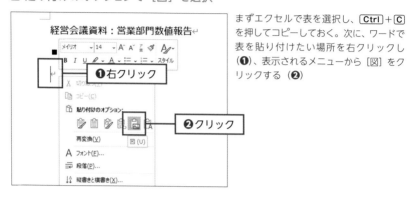

まずエクセルで表を選択し、Ctrl + C を押してコピーしておく。次に、ワードで表を貼り付けたい場所を右クリックし（❶）、表示されるメニューから［図］をクリックする（❷）

■ 表が図として貼り付けられる

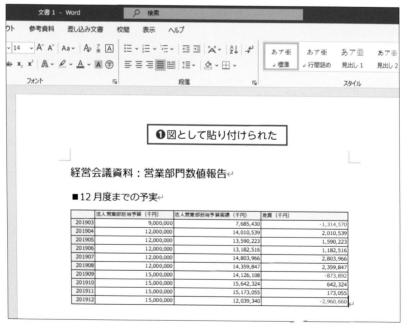

コピーした表が図として貼り付けられる（❶）。この方法で貼り付けた表は画像と同じ扱いになるため内容の編集はできないが、サイズ調整などの操作は行いやすくなる

4 — ④

5分

リボンを非表示にして
作業領域を広げたい

エクセルやワードで作業するとき、表示領域が広いほど文書や表の全体を見渡しやすく、効率アップにつながります。ディスプレイが小さい場合など、少しでも作業領域を広げたいならリボンを非表示にしましょう。

💻 タブだけ残して非表示にすれば画面を広く使える

エクセルやワードのウィンドウ上部にあるリボンは、作業領域の広さを優先したいときには邪魔な存在です。そこで、不要なときは非表示にしておきましょう。方法はいくつかありますが、一番簡単なのは**タブをダブルクリックして表示／非表示を切り替える**方法です。また、非表示にした状態でタブをクリックすると、一時的にコマンドを表示できます。

■ タブをダブルクリックしてリボンを非表示に

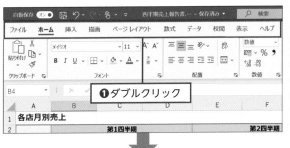

リボンで任意のタブをダブルクリックすると（**❶**）、リボンのコマンド部分が非表示になる。タブをクリックすると、該当するコマンドが一時的に表示される。また、タブを再度ダブルクリックすれば、元の表示に戻る（**❷**）

❶ダブルクリック

**❷クリックで一時表示、
ダブルクリックで元に戻す**

04

4

リボンを非表示にして作業領域を広げたい

4 — ⑤

時短 10分

エクセル・ワードの
お節介機能をオフにしよう

エクセルやワードで文字列を入力したとき、勝手に修正されることがあります。これは「オートコレクト」という機能によるものですが、うっとうしい場合はオフにしてしまいましょう。

自動修正が不要ならオートコレクトをオフにする

エクセルやワードの「オートコレクト」は、誤入力などを自動的に修正する機能です。スペルミスを修正するほか、文頭に英単語を入力すると頭文字を大文字にしたり、箇条書きの書式を自動で整えてくれたりする機能もあります。**本来は便利な機能のはずですが、実際には「余計なお世話」だと感じることが多い**ものです。自動修正された部分を手動で元に戻すこともできますが、いちいち修正していては時間の無駄です。そこで、オートコレクトが不要なら無効にしておきましょう。必要なものは残して、一部の機能だけをオフにすることも可能です。

■ オートコレクトがオンになっている場合

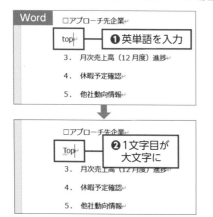

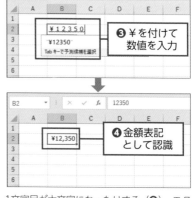

ワードでは文頭に英単語を入力した場合に（❶）、1文字目が大文字になったりする（❷）。エクセルでは文字列として入力したいにも関わらず、「¥」や「$」を1文字目に入力して数値を入力すると（❸）、金額表記に自動で変換される（❹）

■ オートコレクトのオプションを開く

［ファイル］タブ→［オプション］をクリックし、表示されるダイアログで［文章校正］をクリックして（❶）、［オートコレクトのオプション］をクリックする（❷）。ここではワードを例に説明するが、エクセルでも手順は同じだ

■ オートコレクトを無効にする

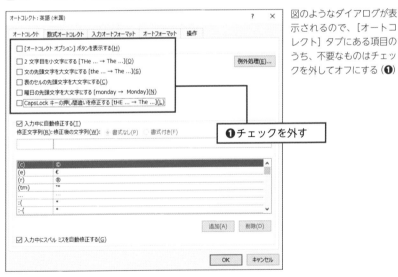

図のようなダイアログが表示されるので、［オートコレクト］タブにある項目のうち、不要なものはチェックを外してオフにする（❶）

4 — ⑥

時短
5分

新規文書の作成を
できるだけ早く開始する

エクセルやワードのスタート画面はファイルの履歴やオプションへのリンク
が表示されているので便利なこともありますが、新規文書を作成したいとき
はワンテンポ遅れてしまいます。すぐに文書作成を始めたいときは、どうす
ればよいでしょうか。

🖥 スタート画面の表示をオフにする

エクセルやワードを起動すると、最初にスタート画面が表示されます。こ
こからファイルの履歴を開いたり、テンプレートを選んで文書を作成した
りできる点は便利ですが、白紙の状態から新規作成したい場合は ［空白の
ブック］ または ［白紙の文書］ をクリックする必要があり、手間が増えて
しまいます。**起動後すぐに新規作成したいことが多いなら、スタート画面
の表示をオフにしておきましょう**。

■ エクセルやワードのオプションで設定を変更

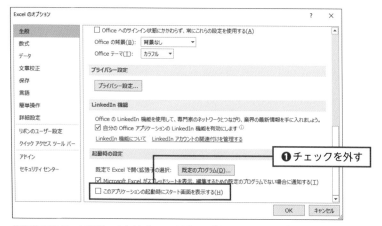

起動時のスタート画面、または ［ファイル］ タブをクリックして表示される画面で ［オプショ
ン］ をクリック。表示されるダイアログの ［全般］ で、画面の下のほうにある ［このアプリケー
ションの起動時にスタート画面を表示する］ のチェックを外す（❶）。以降は、エクセルの起動
時には空白のブック、ワードなら白紙の文書が表示されるようになる

4-⑦

時短 10分

文書の保存時に場所を指定するのが面倒!

初心者の犯しやすいミスの1つが、文書の保存先を間違えてしまい、どこに保存したかわからなくなることです。どうすれば、こういったミスをなくせるでしょうか。

🖥 エクスプローラーでファイルを新規作成

　エクセルやワードの作業で意外と面倒なのが、ファイルの保存時にフォルダーを指定することです。いつも既定のフォルダーに保存すれば簡単ですが、それではファイルの整理という面で問題があります。しかし、そのつどフォルダーを選択するのは手間がかかるうえに、誤ったフォルダーを指定するとファイルが行方不明になってしまいます。こうしたミスを防ぐには、**エクスプローラーで保存先のフォルダーを開いてからファイルを新規作成する**方法がおすすめです。

■ 保存先のフォルダーでファイルを作成する

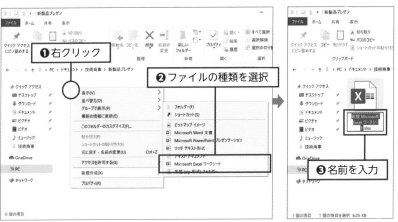

エクスプローラーでファイルを保存したいフォルダーを開く。画面の何もない場所を右クリックし(❶)、[新規作成]からファイルの種類を選択する(❷)。たとえば[Microsoft Excelワークシート]を選んだ場合は「.xlsx」形式のファイルが作成される。ファイル名を入力し(❸)、[Enter]を押す。もう一度[Enter]を押せばファイルが開く

4 — ⑧

時短 30分

オフィス文書のバージョン問題を完全に解決する

エクセルやワードのファイルをメールで送り合って編集するのは非効率的です。編集内容をリアルタイムで確認しながら共同作業ができる、オンラインでの共有機能を活用しましょう。

💻 Office Onlineを活用する

エクセルの文書を編集してメールに添付して送信し、受け取った人がさらに編集して送り返す……これを何度も繰り返して、文書を完成していくワークフローを体験したことのある人は多いでしょう。特に抵抗なく実行しているかもしれませんが、筆者はこのワークフローを「エクセル・ピンポン」と名付け、もっとも避けるべきものだと考えています。

「エクセル・ピンポン」が続くと、1つの文書に大量のバージョンができてしまいます。「最新のファイルだけ残せばいいじゃないか」と思うかもしれませんが、あとで参照したり、元に戻したりする必要が出てきたときのことを考えると、そう簡単にはいきません。そのうち、**古いバージョンのファイルをうっかり編集してしまい、さらにそれで新しいバージョンを上書きしたりという重大事故が起こりがちです。**

これを避けるには、**Office Onlineを使って共有するのが一番です。** OneDriveにファイルを保存して共有しておけば、ブラウザでOffice Onlineにアクセスしてファイルを開き、複数のユーザーで共同編集できます。リアルタイムで編集内容が更新され、誰がどこを編集したかもわかるので、スムーズに作業を進められます。なお、ここではエクセルを例に説明しますが、ワードなどのオフィスアプリにも対応しています。

Point

ここで紹介する方法で共同編集を行うには、ファイルをOneDriveにアップロードして共有をオンにしておき、リンクを共有者に送信する必要があります。詳しい手順は114ページを参照してください。

■ ファイルを開いて編集を開始

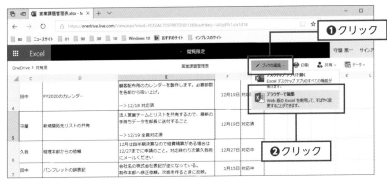

OneDriveで共有されたファイルのリンクを開くと、ブラウザが起動して内容を閲覧できる。編集を開始するには［ブックの編集］（ワードの場合は［文書の編集］）をクリックし（❶）、［ブラウザーで編集］をクリックする（❷）

■ Office Onlineでファイルを編集

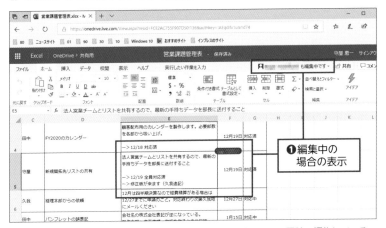

Office Onlineの画面に切り替わり、ファイルの編集を開始できる。同時に編集しているユーザーがいれば、画面上部に「○○（ユーザー名）も編集中です」と表示され、どこを編集しているのかもわかる（❶）

🖥️💻 ATTENTION !

エクセルやワードで作成したファイルをGoogleドライブにアップロードして共有し、GoogleスプレッドシートやGoogleドキュメントで編集することも可能です。ただし、エクセルとGoogleスプレッドシートでは関数の仕様が一部異なるので注意が必要です。

マウスに触らず
アクティブセルを移動する

外資系の金融機関に入社した新入社員は、「エクセルを使うときは、マウスを
ひっくり返せ」と指導を受けることがあるそうです。マウスを使うよりもキ
ーボードを使って操作したほうが、ずっと高速に操作できるからです。

🖥 キー操作でセル間を移動してサクサク入力

エクセルで入力作業を行うとき、いちいちセルをマウスでクリックして
から入力していては時間の無駄です。こんなときこそショートカットキー
を使いましょう。**キー操作でアクティブセルを次々と移動していけば高速
に入力でき**、大量のデータを入力する場合はかなりの時短になります。

■ アクティブセルの移動に便利なショートカットキー

操作	ショートカットキー
下のセルへ移動	↓ または Enter
上のセルへ移動	↑ または Shift + Enter
右のセルへ移動	→ または Tab
左のセルへ移動	← または Shift + Tab
ワークシートの先頭へ移動	Ctrl + Home
ワークシートの末尾（右下）へ移動	Ctrl + End
表の最上部へ移動	Ctrl + ↑
表の最下部へ移動	Ctrl + ↓
アクティブセルを編集モードにする	F2

Point

このほか、複数のセルをまとめて選択するショートカットキーも覚
えておくと便利です。たとえば Shift +カーソルキーを押すと、上
下左右の隣接するセルへ選択範囲を広げることができます。また、
Shift + Space で行全体、Ctrl + Space で列全体、Ctrl + A
でワークシート全体を選択できます。

4 — ⑩

時短 **30**分

連続データを爆速で
入力するには

連続したデータを1つずつ入力するのは大変な手間がかかりますが、この作業を省力化してくれる機能「オートフィル」がエクセルには搭載されています。規則性のあるデータを入力するときはぜひ活用しましょう。

連続するデータをドラッグで素早く入力する

「オートフィル」とは連番入力を効率的に行う機能です。 月や日など連続するデータを効率よくできるほか、曜日や干支など、数字でなくても並び順が決まっているものであれば入力できます。ただし、漢数字には対応していないので「第一期、第二期……」のようなデータを入力したい場合は「一」や「二」の部分をアラビア数字で入力する必要があります。

■ オートフィルの基本操作

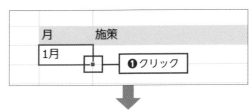

オートフィルで入力したいデータ郡のうち、1つ目の値を入力。アクティブセルの右下にある［■］（フィルハンドル）をドラッグすると（❶）、連続データが入力される（❷）。ここでは、1月〜12月となるようにした

エ
ク
セ
ル
・
ワ
ー
ド
を
使
っ
た
文
書
作
成
の
コ
ツ

⑩ **4**

連
続
デ
ー
タ
を
爆
速
で
入
力
す
る
に
は

オートフィルで入力するリストは自作することもできます。並び順が決まっているデータであれば文字列にも使えるので、積極的に活用してください。ここでは人名の並び順を使って解説します。

■ オートフィルで使いたいリストを入力

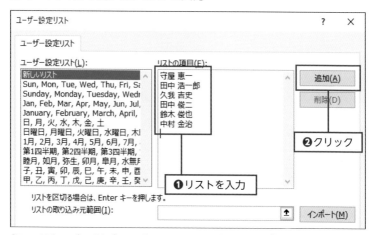

[ファイル] タブ→ [オプション] をクリックし、[Excelのオプション] ダイアログで [詳細設定] → [ユーザー設定リストの編集] をクリック。[リストの項目] に、オートフィルで入力したい順番で値や文字列を入力（❶）、[追加] をクリックする（❷）

■ 自作リストを使って入力する

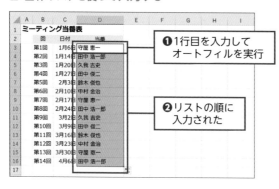

作成したリストの先頭にある文字列を入力し（❶）、フィルハンドルを下へドラッグする。すると、作成したリストの順番で連続データとして入力される（❷）

ATTENTION !

オートフィルの操作は、ショートカットキーでは基本的にできません。エクセルでマウス操作を許さざるを得ない、数少ない例外がオートフィルです。

4−⑪

時短 20分

エクセルで必要なデータのみ簡単に抽出する

大量のデータ管理を行う場合に、条件に一致するデータだけを選んで表示する「フィルター」機能は大変重要です。必ず使いこなせるようにしておきましょう。

💻 列ごとに条件をフィルターできる

エクセルで入力したデータは、**条件に一致するデータのみを表示するように「フィルター」をかけることができます**。画面に表示しきれる量のデータだとあまり便利さを実感できないかもしれませんが、数百、数千以上のデータを扱う場合に威力を発揮します。フィルターは表の列ごとに適用できますが、行単位では適用できません。そのため、**フィルターを適用する場合は、列を基準にしてデータを作成しましょう**。また、フィルターの中で文字列を入力して、あいまい検索をすることもできます。

■ フィルターでデータを絞り込む

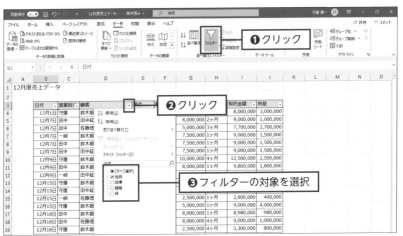

フィルターを適用したい表全体を選択し、[データ] タブの [フィルター] をクリック（❶）。先頭の行で各列の右側に表示される [▼] をクリックすると（❷）、フィルターの設定画面が表示される。抽出の対象にする項目のみにチェックを付け（❸）、[OK] をクリックする

■ フィルターが適用される

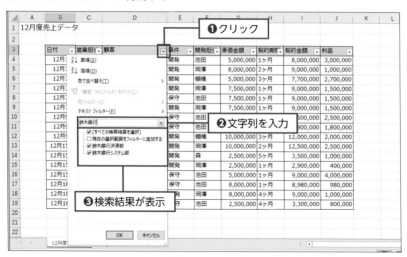

●データが抽出された

❷アイコンが変化

❸行番号が青色に

	日付	営業担	顧客	案件	開発担	原価金額	契約期	契約金額	利益
4	12月1日	守屋	鈴木銀行決済部	開発	池田	5,000,000	1ヶ月	8,000,000	3,000,000
8	12月7日	田中	鈴木銀行決済部	保守	池田	7,500,000	1ヶ月	9,000,000	1,500,000
10			システム部	保守	池田	10,000,000	4ヶ月	12,500,000	2,500,000
11			システム部	保守	池田	8,000,000	1ヶ月	9,800,000	1,800,000
16	12月15日	守屋	鈴木銀行決済部	保守	池田	5,000,000	1ヶ月	9,000,000	4,000,000
17	12月18日	田中	鈴木銀行決済部	保守	池田	8,000,000	1ヶ月	8,980,000	980,000
19	12月18日	守屋	鈴木銀行システム部	保守	池田	2,500,000	4ヶ月	3,300,000	800,000

フィルターが適用され、抽出したデータのみが表示される（**❶**）。対象を選択した列の「▼」アイコンが漏斗の形になる（**❷**）。また、行番号の文字色が青色になり、フィルターをかけていることがわかる（**❸**）

■ テキストフィルターを利用する

●クリック

❷文字列を入力

❸検索結果が表示

フィルター対象の条件をテキストで指定することもできる。各列の［▼］をクリックしたあと（**❶**）、フィルターの条件となる文字列を入力する（**❷**）。すると一致する項目が検索されるので、この中から条件にしたいものにチェックを付け（**❸**）、［OK］をクリックする

🖥️📇 **A T T E N T I O N !**

セルを結合している場合や、1つのセルに複数の値を入力している場合、フィルターが正しく動作しません。フィルター以外の操作でも支障が出ることが多いので、1つのセルには値を1つずつ入力するのが大原則だと覚えておきましょう。

4 — ⑫

時短 40分

条件付き書式こそ
エクセルの最重要機能だ!

エクセルを使ううえで、もっとも重要な機能の1つが条件付き書式です。注目してほしい箇所の書式を変更したいとき、いちいちセルを選択して書式設定していたのでは、時間がかかって仕方ありません。しかし、うまく条件付き書式を使えば、短時間で多くのセルに書式を適用できるのです。

条件に一致するセルをひと目で把握できる

条件付き書式は、単に見た目を整えるための機能ではありません。**特定の条件に一致するセルの書式を変えることで、視覚的に把握しやすくする**ための機能です。たとえば「空白セルを目立つ色にして入力漏れをチェックする」「金額が一定以上の場合は文字の色を変える」というような使い方ができます。作業効率を向上させたり、ほかの人に情報を伝えやすくしたりするために役立つので、うまく活用しましょう。

■ 条件付き書式設定の基本操作

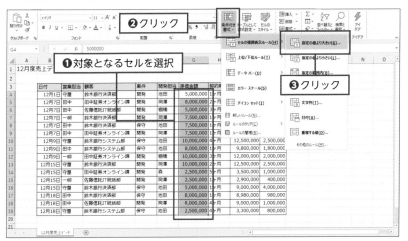

条件付き書式を設定したいセル範囲を選択し（❶）、[ホーム] タブの [条件付き書式] をクリック（❷）。設定可能な項目が並んでいるので、使いたい条件をクリックする（❸）。ここでは一番基本となる、値の大小により書式を判定する条件を使用した

■ 条件に一致したセルの書式が変わる

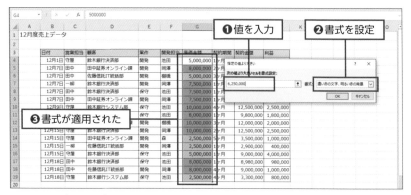

表示されるダイアログで条件を指定する。ここでは[次の値より大きいセルを書式設定]で「6,250,000」と入力した（❶）。次に[書式]で適用したい書式を選択すると（❷）、条件に一致するセルの書式が変わる（❸）

　条件付き書式では、数式を使って条件を指定することもできます。より複雑な条件を指定できるだけでなく、「列Aの値によって列Bの色を変える」というように、値とは別のセルに書式を設定することも可能です。なお、条件付き書式で使う数式は、セル参照の方法などが通常の数式とは少し異なるため、記述ミスに注意しましょう。

■ 数式を使った条件設定を行う

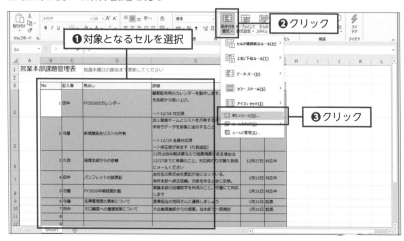

数式を使えば、文字列を条件判定対象にできる。条件付き書式を設定したいセルを選択し（❶）、[条件付き書式]をクリック（❷）。[新しいルール]をクリックする（❸）

■ 書式のルールを入力する

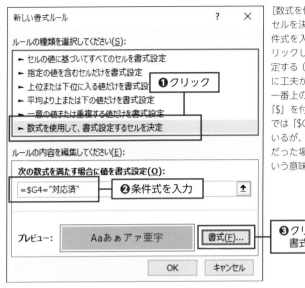

[数式を使用して、書式設定するセルを決定]を選択し（❶）、条件式を入力（❷）。[書式]をクリックして適用したい書式を設定する（❸）。ここで入力の仕方に工夫が必要。書式設定を行う一番上のセルで、列番号にのみ「$」を付けて式を入力する。図では「$G4="対応済"」となっているが、これは列Gが「対応済」だった場合に書式を設定するという意味

■ 条件に一致したセルに書式が設定された

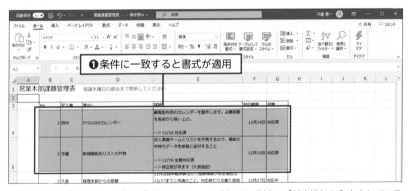

条件式にしたがってセルに書式が設定される。この例では、列Gに「対応済」と入力されている行に色が付いた（❶）。想定と異なる動作になった場合は数式の記述が間違っている可能性が高いので、もう一度確認してみよう

Point 条件付き書式の数式には、関数を使うことも可能です。IF関数などと組み合わせれば、かなり複雑な条件を指定できます。やや高度なテクニックですが、エクセル上級者を目指すならぜひチャレンジしてみましょう。

縦横に長い表は「グループ化」で折りたたむ

大きな表は、情報を一箇所にまとめられるメリットがある反面、一覧性が下がって見通しが悪くなってしまいます。そんなときは、秘密兵器の「グループ化」を使ってみましょう。大きな表でも、必要な部分だけを表示できます。

🖥 列や行をひとまとめにして扱う機能

グループ化とは、複数の行や列を1つにまとめて扱うための機能です。たとえば列Bから列Eまでを**グループ化しておけば、その部分をワンクリックで折りたたんだり、元に戻したりできます**。「横に長い表で、左右の端にある列を同時に見たい」という場合でも、簡単に対応できるので便利です。また、グループは階層化することも可能です。

似たような機能に行や列の非表示がありますが、こちらは非表示にしたことがわかりにくく、元に戻すのも面倒です。どうしても見せたくない場合を除き、グループ化の機能を使ったほうがよいでしょう。

■ 複数の列をグループ化する

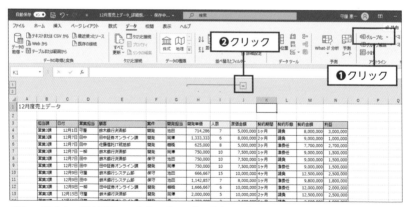

グループ化したい列を選択し、[データ]タブの[グループ化]をクリック（❶）。上部に表示される[−]をクリックすると（❷）、グループ化した部分を折りたためる。元に戻すには[+]をクリックする。なお、[Shift]+[Alt]+[→]でグループ化、[Shift]+[Alt]+[←]で解除することも可能

行挿入・列挿入を
キーボードで行うには

エクセルのショートカットキーに慣れてくると、行や列の挿入にショートカットキーが割り当てられていないことが気になってしまうかもしれません。実は、複数のショートカットキーを組み合わせることで、マウスに触らなくても行や列の挿入ができるのです。

💻 行・列選択のショートカットと組み合わせる

　行や列を挿入したいときは、行全体または列全体を選択して、右クリック→［挿入］を選択するか、アクセスキーを使って Alt → H → I → 2 → R または C を押します。アクセスキーならマウスに触らずに操作できますが、時短につながるくらい高速かと尋ねられたら、ちょっとおすすめしづらいところです。

　どうしてもショートカットキーで実行したいなら、行や列を選択するショートカットキーと挿入のショートカットキーを組み合わせてみましょう。2つの操作を実行するので、ほかのショートカットキーよりワンテンポ遅れますが、マウスを使うよりは速いでしょう。

　なお、後述のようにIMEの設定によっては、行追加のためのショートカットが正しく機能しません。操作を試す前に設定を確認してください。

■ ショートカットキーで行を選択する

	A	B	C	D	E	F	G	H	I	J	K
1	12月度売上データ										
2											
3		日付	営業担当	顧客		案件	開発担当	原価金額	契約期間	契約金額	利益
4		12月1日	守屋	鈴木銀行決済部		開発	池田	5,000,000	1ヶ月	8,000,000	3,000,000
5		12月7日	田中	田中証券オンライン課		開発	岡澤	8,000,000	2ヶ月	9,000,000	1,000,000
6		12月7日	田中	佐藤信託IT統括部		開発	棚橋	5,000,000	3ヶ月	7,700,000	2,700,000
7		12月7日	田中	❶ Shift + Space を押す			澤	7,500,000	1ヶ月	9,000,000	1,500,000
8		12月7日		鈴木銀行決済部		保守	田	7,500,000	1ヶ月	9,000,000	1,500,000
9		12月7日	田中	田中証券オンライン課		開発	岡澤	7,500,000	1ヶ月	9,000,000	1,500,000
10		12月9日	守屋	鈴木銀行システム部		保守	池田	10,000,000	4ヶ月	12,500,000	2,500,000
11		12月9日	田中	鈴木銀行システム部		保守	池田	8,000,000	1ヶ月	9,800,000	1,800,000
12		12月9日	一柳	田中証券オンライン課		開発	棚橋	10,000,000	3ヶ月	12,000,000	2,000,000

行を挿入したいセルの1つ下のセルをアクティブにし、 Shift + Space を押す（❶）

■ 選択した位置に行を挿入する

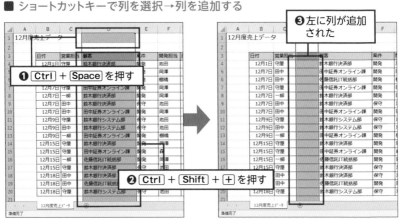

行が選択されたら Ctrl + Shift + + を押す（❶）。すると選択した行の上に新しい行が追加される（❷）。複数行を追加したい場合は、縦方向に複数のセルを選択してから Ctrl + Shift + + を押せばよい

■ ショートカットキーで列を選択→列を追加する

行と同じように列の追加もできる。列を追加したい場所の右のセルをアクティブにし、Ctrl + Space を押す（❶）。列が選択されたら Ctrl + Shift + + を押す（❷）。すると選択した列の左に新しい列が追加される（❸）。複数列を追加したい場合は、列を複数選択してから Ctrl + Shift + + を押せばよい

Point

行や列の削除もショートカットキーで実行可能です。削除したい行や列を選択して、[Ctrl] + [-] キーを押します。複数の行や列を削除する場合は、削除したい行や列をすべて選択してから、[Ctrl] + [-] を押します。

COLUMN

Microsoft IME利用時に行を選択するには

行を選択するショートカットキー [Shift] + [Space] は、Microsoft IMEの標準設定だと日本語入力モードでは「別幅空白」の入力になってしまいます。そのため、行を選択するショートカットキーを押しても選択できません。これを解決するには、Microsoft IMEの設定を変更しましょう。通知領域にあるIMEの入力インジケーター（[あ] または [A]）を右クリックして [プロパティ]→[詳細設定] をクリックします。[Microsoft IMEの詳細設定] ダイアログが表示されたら、[全般] タブの [キー設定] の右にある [変更] ボタンをクリックして [設定] ダイアログを表示し、[Shift＋SPACE] の [別幅空白] を [-]に変更します。

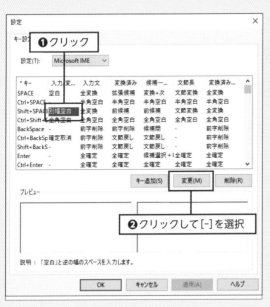

[Shift＋SPACE] の右にある [別幅空白] をクリックし（❶）、[変更] をクリックして、表示される画面で [-]を選択する（❷）

エクセルでテキストの検索・置換を極める

大きな表から特定の文字列を探し出すのに、目で見て探していては大変です。時間がかかるだけでなく、見落としが発生する危険もあります。ミスを防ぎたいなら、エクセルの検索・置換機能を使いましょう。

💻 高機能な検索機能を使いこなす

　シートやブック全体から**特定の文字列を探したいときは、検索機能を使います**。探したい文字列を指定して［次を検索］をクリックすれば、一致するセルへ次々と移動することができます。また、［すべて検索］をクリックすれば、検索結果を一覧表示して確認できます。

　特定の文字列を別の文字列に変更したい場合は、置換機能を使いましょう。手動で入力し直すよりも大幅に時短でき、修正漏れのミスも防げます。

■ 検索を実行する

	D	E	F	G	H	I	J	K	L	M
	担当者			商品名	税率	単価	数量	小計	値引き	ポイント付与	ポイン
	田中 俊二	営業4課	飲物	飲料水	8%	100	7	700	0	35	
	鈴木 俊也	営業5課	飲物	飲料水	8%	150	14	2100	-10	105	
	中村 金治	営業3課	飲物	飲料水	8%	120	6	720	-10	36	
	鈴木 俊也	営業本部	飲物							70	
	守屋 惠一	営業本部	飲物							78	
	田中 浩一郎	営業本部	飲物							105	
	守屋 惠一	営業本部	飲物							98	
	中村 金治	営業3課	飲物							23	
	守屋 惠一	営業本部	飲物							53	
	田中 浩一郎	営業本部	飲物							140	
	守屋 惠一	営業3課	飲物							6	
	田中 俊二	営業3課	飲物	飲料水	8%	100	13	1300	-10	65	
	鈴木 俊也	営業4課	飲物	飲料水	8%	150	5	750	0	38	
	中村 金治	営業4課	飲物	飲料水	8%	80	3	240	0	12	
	守屋 惠一	営業4課	飲物	飲料水	8%	150			0	53	
	久我 吉史	営業5課	飲物	飲料水	8%	100	6	600	-10	30	
	中村 金治	営業5課	飲物	飲料水	8%	100	9	900	-20	45	
	久我 吉史	営業3課	飲物	飲料水	8%	80	15	1200	-10	60	

❸アクティブセルが移動した

検索と置換
検索(D)　置換(P)
検索する文字列(N)　営業本部
❶文字列を入力
オプション(T) >>
すべて検索(I)　次を検索(F)　閉じる
❷クリック

[Ctrl] ＋ [F] を押して［検索と置換］ダイアログを表示し、［検索する文字列］に検索したい文字列を入力して（❶）［次を検索］をクリック（❷）。検索にヒットしたセルのうち、現在のアクティブセルから右または下方向で一番近いセルがアクティブになる（❸）

■ 一致するすべてのセルを検索する

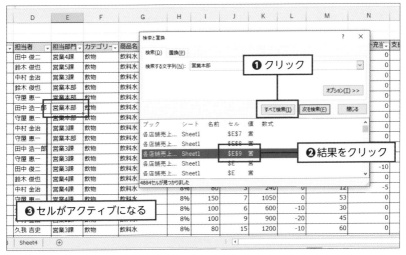

検索する文字列を入力した状態で［すべて検索］をクリックすると（❶）、一致するすべてのセルが表示される。検索結果をクリックすると（❷）、そのセルにアクティブセルが移動する（❸）。また、［オプション］をクリックして検索対象をブック全体に広げることもできる

■ 文字列の置換を実行する

特定の文字列を別の文字列に置き換えたい場合は［置換］タブをクリック（❶）。置換対象の文字列を［検索する文字列］に、置換後の文字列を［置換後の文字列］にそれぞれ入力する（❷）。1つずつ置換する場合は［次を検索］を押して検索結果がアクティブセルになったら、［置換］をクリック。一括で置換する場合は［すべて置換］をクリックする（❸）

Point

検索・置換でぜひ活用したいのが「ワイルドカード」です。ワイルドカードは「すべての文字列を対象にする」という意味を持ち、「*」（アスタリスク）を使います。たとえば「営業*課」で検索すると、営業1課や営業2課、営業推進課などがすべてヒットします。

エクセルの文書を思いどおりに印刷する

そもそもエクセルは、ワードと異なり、印刷があまり得意ではありません。そのため、紙に印刷するときには細かい調整が必要となります。どうすれば、きれいに表を印刷できるのでしょうか。

🖥 印刷プレビューを見ながら各種調整を行う

　表の大きさを自由に設定できるエクセルの文書では、作成したものを印刷しようとすると、大きすぎてはみ出してしまったり、変なところで切れたりして、なかなかきれいに印刷できないことがあります。

　うまく印刷するには、印刷プレビューの表示をしながら、レイアウトの調整を行ったり、改ページプレビューを使って印刷範囲の調整を行ったりしましょう。

■ 印刷プレビューで設定を変更する

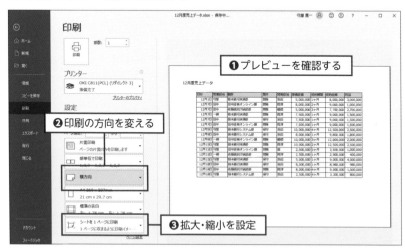

[Ctrl] + [P] を押して［印刷］画面を表示する。右側のプレビューを確認しながら（❶）、左の［設定］で各項目を調整していく。横長の表を見やすくするには、印刷の方向を［横方向］にするとよい（❷）。また、拡大・縮小を設定して、シート全体や列全体を1枚の用紙に印刷することもできる（❸）

■ 改ページプレビューでレイアウトを調整する

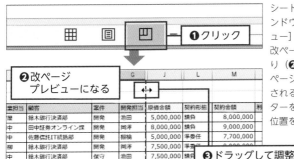

❶クリック

❷改ページ
プレビューになる

❸ドラッグして調整

シートを表示した状態で、ウィ
ンドウ右下の［改ページプレビ
ュー］ボタンをクリック（**❶**）。
改ページプレビューに切り替わ
り（**❷**）、印刷範囲に青い実線、
ページの分割位置に破線が表示
される。この線にマウスポイン
ターを合わせてドラッグすれば、
位置を調整できる（**❸**）

Point

任意の位置に改ページを追加してページを分割することも可能です。
分割したい位置の下の行、または右の列を選択し、［ページレイア
ウト］タブの［改ページ］→［改ページの挿入］をクリックしまし
ょう。

COLUMN
各ページに見出しの行や列を印刷する

　大きな表を複数のページに分けて印刷したとき、2ページ目以降にタイトル
（見出しにあたる行や列）がないと、各セルの値が何を意味しているのかわから
なくなります。これを防ぐには各ページにタイトルが印刷されるように設定し
ましょう。［ページレイアウト］タブの［印刷タイトル］をクリックし、表示さ
れるダイアログで設定を行います。

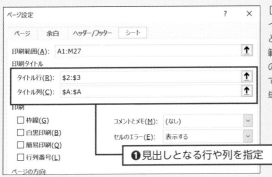

❶見出しとなる行や列を指定

［タイトル行］と［タ
イトル列］に、見出し
として印刷したいセル
範囲を入力する。右
の［↑］をクリックし
てセルを選択すれば簡
単だ（**❶**）

4 — ⑰

時短
15分

ワードのカーソル移動を一瞬で実行するには

ワードでカーソルを移動したいとき、カーソルキーを一生懸命カチャカチャ押している人はいませんか。数文字、数行移動するだけなら問題ありませんが、数ページ、数十ページ移動したいなら、ショートカットキーを使うほうが何倍も高速に移動できます。

キーボード右側の特殊キーを利用する

　長い文書でカーソルを大幅に移動したいとき、カーソルキーを押しっぱなしにしたり、マウスのホイールを延々と回し続けたりしていては、いつまで経っても時短は実現できません。ゆっくり内容をチェックしたいとき以外は、ショートカットキーでサクッと移動してしまいましょう。**文書の先頭や最後、直前や直後のページへ移動するショートカットキーを使えば、一瞬で目的の位置へカーソルを移動できます**。また、ページ番号を指定して移動するためのショートカットキーもあります。しっかり覚えて、文書編集の効率化を図りましょう。

■ カーソル移動操作のショートカットキー

操作	ショートカットキー
文書の先頭に移動	[Ctrl] + [Home]
文章の末尾に移動	[Ctrl] + [End]
ページ番号を指定して移動	[Ctrl] + [G] を押してページ番号を入力
単語単位で移動	[Ctrl] + [→] または [Ctrl] + [←]
行頭に移動	[Home]
行末に移動	[End]
段落頭に移動	[Ctrl] + [↑]
次段落に移動	[Ctrl] + [↓]
次ページへ移動	[Ctrl] + [Page Down]
前ページへ移動	[Ctrl] + [Page Up]

複雑な書式は
スタイルで一発設定!

ワード文書を読みやすくするために、文字のサイズやフォント、色などを変えたり、段落の行間や文字間を調整したり、いろいろな工夫をしている人は少なくありません。できるだけ手間をかけずに複雑な書式を使うには、どうしたらいいのでしょうか。

書式をスタイルとして登録して使い回す

　最初に断っておきたいのですが、美しい文書を作ることにあまりこだわるべきではない、と筆者は考えます。商業印刷用のフォントを使わず、ワードのような一般向けのツールで、デザインのトレーニングを受けていない人が多少時間をかけて頑張ったところで、美しい文書を作るのは難しいのです。大半のビジネス文書の最大の目的は、読む人に情報を正確に伝えることなので、時短という目的から考えれば、美しい文書を作成する工夫にはあまり時間を割くべきではないでしょう。

　とはいえ、**ある程度見た目を整えることは、可読性の向上にも重要です**。重要な文言は文字を大きくして、フォントを目立つものに変更し、行間を広めにするのがいいでしょう。カラーの文書であれば、文字色や背景色を設定するのも有効です。そんなとき、重要な文言すべてに書式をいちいち手動で設定していては時間がかかってしまいます。書式のコピー機能を使えば、若干楽になりますが、今度は作業手順に大きな制限がかかってしまいます。

　そこで使ってみたいのが「スタイル」です。スタイルには、文字のサイズやフォントの種類など文字の装飾に必要な要素を登録しておけます。**登録したスタイルは、簡単にまとめて適用することができるので効率的です**。たとえば1つの文書に何度も小見出しが出てくる場合、小見出し用のスタイルを作成しておけば、すべての小見出しに同じ書式を素早く適用することが可能です。

■ スタイルを追加する

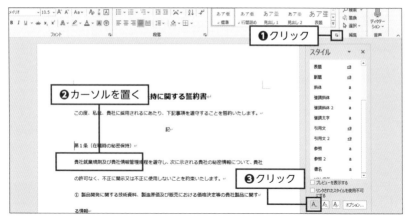

ここでは、最初に1か所だけ書式を設定しておき、その書式を元にスタイルを作成する方法を紹介する。[ホーム] タブの [スタイル] の右下にあるボタンをクリックし（❶）、元になる書式を設定した部分にカーソルを置いて（❷）、[スタイルの追加] をクリックする（❸）

■ スタイルの名前を設定する

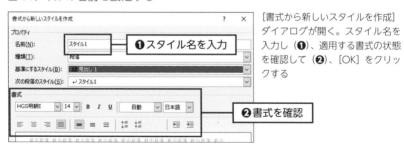

[書式から新しいスタイルを作成] ダイアログが開く。スタイル名を入力し（❶）、適用する書式の状態を確認して（❷）、[OK] をクリックする

■ 別の文字列へスタイルを適用する

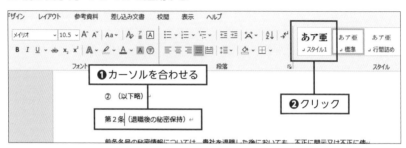

作成したスタイルは、[ホーム] タブにある [スタイル] の一覧に追加される。スタイルを適用したいテキストがある行や段落にカーソルを合わせ（❶）、適用したいスタイルをクリックする（❷）

4—⑲

時短 30分

アウトラインを使って
ワードで長文を作成する

複雑な構成の文書を書くとき、いきなり本文から書き始めていては、よい文書は書けません。文書全体の構成を決め、どこから話を始めて、どんな結論を述べ、どの素材で論旨を補強するのかを書き始める前に考えておきます。その際、役に立つのが「アウトライン」なのです。

💻 文書の構成は「アウトライン」から考える

複数のテーマを扱う文書では、**話の順序が乱れたり抜けが生じたりするのを避けるために、アウトライン（全体の概要）を先に決めてから書き始める**のがポイントです。ある程度複雑な文書をワードで作成したいなら、ぜひアウトライン機能を使ってみましょう。

アウトラインから文書を作成するときは、まず見出しを書き出していきます。そして、見出しを階層化して並べ替え、重複や漏れがないかを確認しながら本文を書いていきます。

■ アウトライン機能を利用する

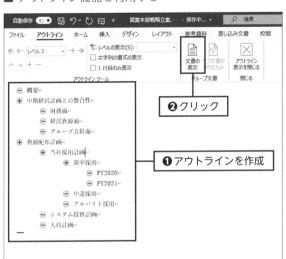

ワードの [表示] タブで [アウトライン] をクリックすると、アウトライン表示に切り替わる。見出しを入力し、レベルを指定して階層化しながらアウトラインを作成していく（❶）。[アウトライン] タブの [文書の表示] をクリックし（❷）、見出しを選択して [作成] をクリックすれば本文を入力できる

無料でバッチリ！ ワードで校正するには

文書の作成が得意な人でも、タイプミスや勘違いで誤った文字や表現を書いてしまうことがあります。この誤りを修正するには、何度も校正するしかありません。労力を少しでも減らすには、ワードの力を借りましょう。

💻 チェック項目を自分で設定して校正する

　文字や表現の誤りは、ビジネスの現場では致命的な結果を招くこともあります。たとえば、店舗のチラシで価格が1桁間違っていると大変なことになってしまいます。こういった問題を防ぐのが校正という作業です。

　校正作業は、専門の校正者や業務に関係している人が行うのがふつうですが、専門外の人ではなかなか文章の問題に気付きません。とはいえ、専門の校正者に依頼する予算や時間がないこともあるでしょう。素人でも使える校正用のソフトも販売されていますが、安くはありません。**そんな場合に使えるのがワードの校正機能です。価格の間違いなどはさすがにチェックできませんが、誤字脱字レベルならかなりの精度で指摘してくれます。**無料で使えるわりには高性能なので、一度試してみましょう。

■ 文書校正の設定を開く

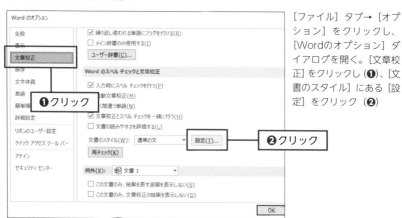

［ファイル］タブ→［オプション］をクリックし、［Wordのオプション］ダイアログを開く。［文章校正］をクリックし（❶）、［文書のスタイル］にある［設定］をクリック（❷）

■ 推敲の対象を選ぶ

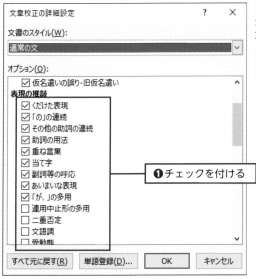

[文章校正の詳細設定] ダイアログが開くので、[表現の推敲] にある項目から利用したい校正項目にチェックをつける (❶)。厳格にチェックを行いたければ、すべてにチェックを付ける

■ 問題のある箇所を確認・修正する

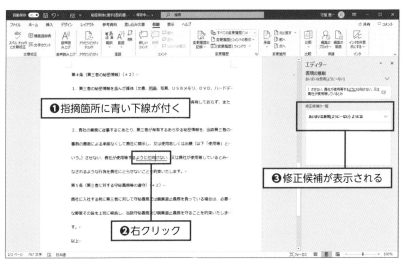

推敲項目をオンにするとすぐに、問題の見つかった部分に青い下線が付く (❶)。その部分を右クリックすると (❷)、指摘の詳細が確認できる。また、右クリックして [詳細の表示] を選択すると、画面右側に [エディター] が表示され、指摘内容や修正候補が表示される (❸)

複数のメンバーで
ワード文書を確認したい

作成した文書を確認するとき、印刷して赤ペンでコメントを記入し、その紙を回覧すると、手間がかかるうえに紙の管理も大変です。ワード文書内でコメント入力を完結させて、効率よく確認し合えるようにしましょう。

コメント機能でコミュニケーションできる

　文書の回覧とコメント追記は、いろんなビジネスの現場で出会うワークフローです。会社によって、あるいは担当者によって標準的なやり方は異なるでしょうが、回覧する文書がワードで作られているなら、ワードのコメント機能を使うのがもっとも手軽でしょう。

　ワードのコメント機能では、コメントしたい箇所を自分で選択してコメントを入力でき、追加したコメントに対する返信コメントをもらうことも可能です。 そうしてワード文書でコミュニケーションを取りながら文書を完成させていくと、快適かつ高速に文書のチェックが進むことでしょう。

　なお、外部に送付する文書の場合には、コメントの消し忘れに留意する必要があります。

■ コメントを追加する

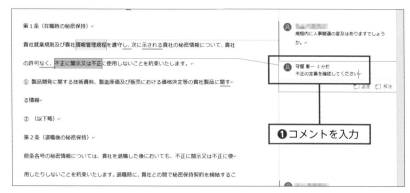

コメントを付けたいテキストを選択して右クリックし、[新しいコメント] をクリックする。画面右側にコメントの入力欄が表示されるので、ほかのメンバーに伝えたいことを入力する（**❶**）

■ 入力されたコメントに返信する

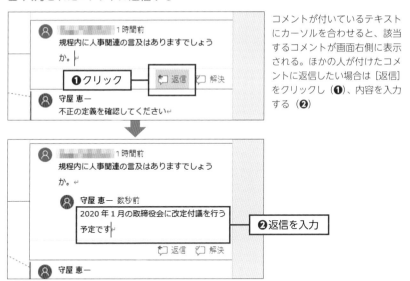

コメントが付いているテキストにカーソルを合わせると、該当するコメントが画面右側に表示される。ほかの人が付けたコメントに返信したい場合は [返信] をクリックし（❶）、内容を入力する（❷）

Point

コメントで書き込んだ質問などが解決した場合は、[解決] をクリックします。するとコメントが薄い色に変わり、未解決のものと区別できます。なお、コメントは削除することも可能ですが、やりとりした記録を保存するために、原則として残しておきましょう。編集作業の邪魔になる場合は、[校閲] タブの [コメントの表示] をクリックすると非表示にできます。

COLUMN
オンラインで共有して文書の回覧を効率化

　ワードのコメント機能を使うとき、問題になるのは「どうやって文書を回覧するか」です。メールに添付して送信し、受け取った人がコメントを付けて送り返す、という方法では効率が悪すぎます。あらかじめOneDriveでファイルを共有しておき、Office Onlineでコメントを付ければ、全員がリアルタイムでやりとりできるので大幅に時間を短縮できます。Office Onlineでも、ワードの文書にコメントを付ける手順はほぼ同じです。

　なお、OneDriveでの共有については114ページ、Office Onlineの使い方は152ページを参照してください。

もっと速くて安い ワードの印刷方法

ワード文書の印刷が多くてプリンターのコストが気になるなら、印刷設定を見直してみましょう。プリンターのインク節約機能と組み合わせて使うと、さらに効果的です。

💻 両面印刷や複数ページ印刷でコスト削減

　ページ数の多い文書を通常の設定で印刷すると、用紙やインクの使用量が増えてコストが高くなります。そんなときは両面印刷を利用したり、1枚の用紙に複数ページを印刷したりすることでコストを削減しましょう。また、プリンターにインクやトナーを節約する機能があれば、活用するとよいでしょう。なお、不要な印刷を避けるために、文書の内容やレイアウトに問題がないか事前にしっかり確認することも大切です。

■ 用紙やインクを節約するための印刷設定

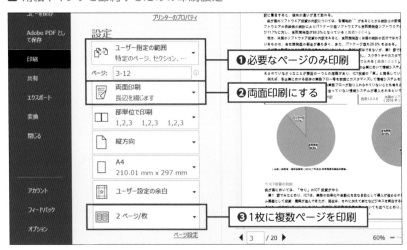

文書を開いて [Ctrl] + [P] を押して［印刷］画面を表示し、各項目を設定する。通常はすべてのページが印刷されるが、一部のみ必要な場合は［ユーザー指定の範囲］でページを指定する（❶）。用紙を節約するには、［両面印刷］を選択する（❷）、複数のページを1枚にまとめて印刷する（❸）、といった方法もある

4 — 23

時短 15分

エクセルやワードの文書を PDFで出力する

エクセルやワードで作成した書類をほかの人に見てもらう場合、PDF形式で書き出すといいでしょう。オフィスソフトをインストールしていないパソコンでも閲覧が可能なので、元のファイルを渡すより確実です。

📖 標準搭載の機能でPDF形式に変換できる

PDFを作成するには、Adobe Acrobatなどのアプリが必要だと思いがちです。しかし、実はエクセルやワードは標準でPDFのエクスポート機能を備えており、簡単な手順で文書をPDF形式に変換できます。

ただし、パスワードをかけて閲覧や編集を制限するといった機能はありません。そのような設定が必要なら、出力後に「CubePDF Utility」（183ページ参照）などを使って設定するとよいでしょう。

■ ファイルをPDF形式でエクスポートする

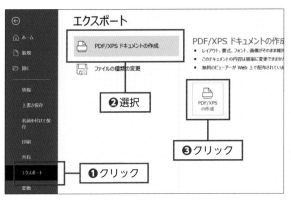

PDFにしたい文書を開いておき、［ファイル］タブ→［エクスポート］をクリック（❶）。［PDF/XPSドキュメントの作成］を選択し（❷）、［PDF/XPSの作成］をクリックする（❸）。このあと表示される画面でファイル名を入力し、［ファイルの種類］で［PDF］を選択して保存しよう

Point

一部のページだけをPDFにしたいときなど、出力方法を詳細に指定したい場合は、ファイルの保存時に表示される画面で［オプション］をクリックして設定します。

4 — ㉔

時短 20分

PDF文書の再編集はワードで行う

PDFで入手したデータの内容を流用したいなら、ワードで開いてみるのが簡単です。完璧に同じ体裁では読み込めない場合もありますが、テキストを中心とした基本的な内容の大部分は、通常のワードの文書と同様に扱えます。

💻 ワードでPDFを開いて編集できる

　PDFのアイコンをダブルクリックすると、通常はAdobe Acrobat Reader などのアプリが起動して開きます。一般的にPDFを編集するには、Acrobat のような専用アプリが必要だとされています。しかし、**ワードの[開く]画面でPDFを選択すると、読み込み時にファイル形式が変換されて編集可能な状態になります**。グラフィックが多用されているような場合は元のPDFと同じ表示を再現できないこともありますが、テキストなどの基本的なデータは流用が可能です。ただし、元のPDFのセキュリティ設定などの状況によっては、ファイルをうまく開けなかったり、読み取り専用で編集できなかったりするケースもあるので注意しましょう。

■ ワードで編集したいPDFファイルを開く

ワードで［ファイル］タブ→［開く］をクリック（❶）。保存先のフォルダーを選択し、PDFファイルをクリックする（❷）。するとPDFが変換され、ワード文書として表示される

PDFにコメントを入れて やりとりしたい

PFDは内容を閲覧するだけでなく、文書校正の要領でハイライトや取り消し線を加えたり、コメントを書き込んだりすることができます。書き込みに対する返信も可能で、処理済みの場合はチェックを付けて非表示にでき、誰がどのように対応したかの履歴も残せます。

💻 コメントへの返信やチェックボックスを利用

　文書の校正を行う場合、以前は紙に印刷したものに赤ペンなどで書き込む方法が一般的でした。しかし、**PDFならば印刷せずにパソコンの画面上で校正作業が行えるのです。テキストや画像などに目印を付けて、修正指示などのコメントを書き込むことも可能です。**複数のメンバーで回覧する場合は、いつ誰が書き込んだのかも記録されるため、責任の所在も明確です。また、コメントに対する返信を書き込んだり、処理が終わったものにはチェックを付ける機能もあるので、共同作業にも適しています。

■ 注釈ツールバーを表示する

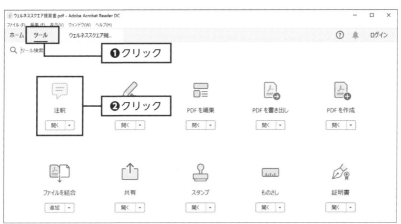

Acrobat Readerを起動し、コメントを付けたいPDFを開く。[ツール] をクリックし（❶）、[注釈] をクリックする（❷）

■ 注釈のコメントを入力する

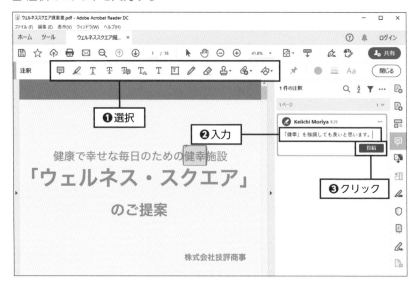

画面上部に［注釈］ツールバーが表示される。この中からツールを選択し（**❶**）、文書内のコメントを付けたい部分をクリック。画面右側に表示される入力欄にコメントを入力して（**❷**）、［投稿］をクリックする（**❸**）。なお、ツールの種類によって使い方は異なる

■ ほかのメンバーの注釈に返信する

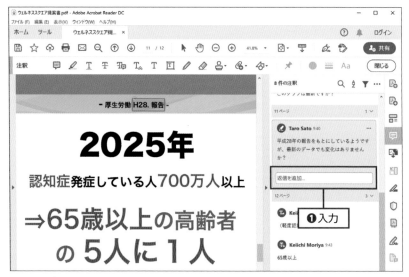

ほかの人が付けた注釈に対して返信したい場合は、［返信を追加する］をクリックして内容を入力する（**❶**）

4—㉖

時短
10分

無料でPDFを分割・結合する機能を使いたい

PDF形式の文書は、一部のページだけを抜き出して別のファイルを作成したり、不要なページを削除したりできます。また、複数のPDFを結合して1つにまとめることも可能です。こういった作業を手軽に行うための無料アプリを紹介します。

📖 無料のPDF編集アプリを利用する

　PDFの編集にはAdobe Acrobatを使うのが基本ですが、予算がなくて購入できない場合もあるでしょう。そんなときは**無料のPDF編集アプリ「CubePDF Utility」を使いましょう**。ページの挿入や抽出、削除といった作業を簡単な操作で行うことができます。また、第三者に勝手に閲覧・編集されないように、パスワードをかけて保護する機能もあります。

CubePDF Utility
開発元：株式会社キューブ・ソフト
URL：https://www.cube-soft.jp/
価格：無料

■「CubePDF Utility」でファイルを編集

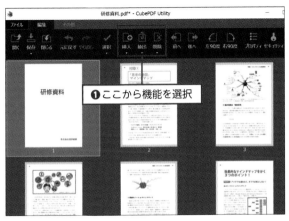

❶ここから機能を選択

「CubePDF Utility」の編集画面。上部のツールバーから［挿入］［抽出］［削除］などの機能を選択して編集を行う（❶）。ページをサムネイルで確認しながら作業できるのでわかりやすい

時短
10分

スキャンしたPDFを
文字データに変換する

紙の印刷物として入手したものをスキャンしたり、文書がテキストではなく画像データになっているような場合、内容を検索することができません。そんなときはOCRでテキスト化しましょう。特別なアプリを用意しなくても、Googleドライブの機能を利用すれば簡単です。

💻 GoogleドライブのOCR機能を利用する

デジタルデータが紙の書類に比べて圧倒的に有利なポイントとして、キーワード検索ができる点が挙げられます。膨大な量の書類でも、検索すれば一瞬で必要な箇所を見つけることができるからです。しかし、紙の書類を単純にスキャンしたものや、画像データの形式で入手した書類は、キーワード検索できないため、資料として活用するには不向きです。

こうしたものは、**OCRでテキストデータを読み取っておけば、資料として本来の価値を発揮できます**。OCRには値段の高い特別なアプリが必要だと思われがちですが、GoogleドライブとGoogleドキュメントを使えば、無料でOCR機能を利用できます。

■ PDFを開いてOCRを実行する

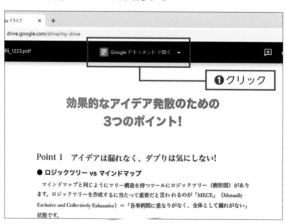

Googleドライブに PDF ファイルをアップロードする。ファイルを開き、画面上部に表示される [Google ドキュメントで開く] をクリック（❶）。するとファイルがGoogleドキュメント形式に変換され、自動的にOCRが実行される

第 5 章

情報収集を
倍速で行う方法

ネットでの情報収集のキモは、ブラウザとGoogle検索の使いこな
しです。ブラウザのタブを開いたり閉じたりするのに、いちいち小
さなボタンにマウスポインターを合わせるのは時間の無駄です。キ
ーボードからショートカットキーでサクッと操作しましょう。また、
重要なサイトだからといって、どんなページもブックマークに登録
していてはブックマークがあふれてしまい、手間をかけてブックマ
ークを整理しなければ使えなくなってしまいます。ブラウザ起動時
に必ず表示したい社内システムやウェブメール、ビジネスチャット
などは「タブの固定」やブックマークバーといった機能を使い分け
て、ウェブページを開く手間を減らしましょう。

Google検索も工夫の余地があります。検索の上手な人は、検索演
算子をうまく使って検索結果を絞り込んでいきます。検索結果を最
下部まで見て［次へ］をクリックし、何ページも検索結果を読みな
がら、いくつものウェブページを開いたり閉じたりしているなら、自
分の検索方法を見直す必要があります。

そのほか、TwitterやWikipediaなど特定のサイトを手早く検索す
る方法も紹介します。

Chromeのスクロールと
タブの操作を超高速に行う!

Chromeは軽快な動作と拡張性の高さが特徴で、ビジネスの情報収集にも最適なブラウザです。ここでは、Chromeの性能を最大限に引き出し、より高速に操作するための基本を知っておきましょう。

最重要のショートカットキーを知っておく

Chromeでウェブページを閲覧するとき、マウスだけで操作するよりも、**キー操作と組み合わせれば高速なブラウジングが可能になります。**

まず必ず覚えておきたいのが、**リンク先を別のタブで開く操作です。** いちいちリンクを右クリックして [新しいタブで開く] を選択するより、Ctrl + Shift を押しながらクリックするほうがずっと素早く操作できます。また、バックグラウンドで開きたいなら、Ctrl を押しながらクリックします。もし別のウィンドウで開きたいなら、Shift を押しながらリンクをクリックします。新規タブを開きたければ、Ctrl + T を押します。

>
>
> **Point**
>
> 複数のウェブページを見比べたいときは、タブを使って開くよりも、別のウィンドウで開いて並べて表示したほうが便利なこともあります。なお、すでに開いているタブを別のウィンドウで開きたい場合は、タブをウィンドウの外にドラッグ＆ドロップします。

タブの切り替えも頻繁に使用するテクニックです。 タブをクリックするのではなく、Ctrl + Tab で右隣、Ctrl + Shift + Tab で左隣のタブを表示すると便利です。また、たくさんのタブを開いたままにして適宜切り替えながら表示するときに使いたいのが、Ctrl + 数字キーです。Ctrl + 1 で左端のタブ、Ctrl + 2 で左端から2番目のタブに切り替えられます。以下、Ctrl + 3 ～ Ctrl + 8 で左端から3番目～8番目のタブを表示できますが、Ctrl + 9 の場合は右端のタブが開きます。

📺 A T T E N T I O N !

タブをあまりたくさん開くとChromeの動作が遅くなり、パソコンの動作速度にも影響が出てきます。不要なタブはこまめに閉じましょう。Ctrl + W を押せば、現在のタブを素早く閉じることができます。

　縦に長いページを上下にスクロールしたいときも、マウスのホイールを回転させるよりキー操作のほうが便利です。Space を押せば1画面ずつ下へ、Shift + Space で上へ1画面ずつ戻れます。また、End でページの最下部へ、Home で最上部へ一気にジャンプできます。

　そのほか、ページの拡大／縮小も、わざわざメニューから操作しなくてもキー操作で実行できます。覚えておきたいショートカットキーを下の表にまとめたので、ぜひマスターしましょう。

■ Chromeの操作に便利なショートカットキー

操作	ショートカットキー
新規タブを開く	Ctrl + T
リンク先を別のタブで開く	Ctrl + Shift + クリック
リンク先を別のタブで開いてバックグラウンドで表示	Ctrl + クリック
リンク先を別のウィンドウで開く	Ctrl + クリック
右のタブへ移動	Ctrl + Tab または Ctrl + PageDown
左のタブへ移動	Ctrl + Shift + Tab または Ctrl + PageUp
特定のタブへ移動	Ctrl + 1 ～ 8
右端のタブへ移動	Ctrl + 9
現在のタブを閉じる	Ctrl + W または Ctrl + F4
閉じたタブをもう一度開く（閉じたものから順に）	Ctrl + Shift + T
下へ1画面ずつスクロール	Space または PageDown
上へ1画面ずつスクロール	Shift + Space または PageUp
ページの最下部へ移動	End
ページの最上部へ移動	Home
ページ全体を拡大する	Ctrl + +
ページ全体を縮小する	Ctrl + −
ページの表示倍率を100%に戻す	Ctrl + 0

5 — 02

時短
10分

Google検索を
爆速で実行する方法

Googleで検索したいとき、いちいち新規タブを開いたり、Google検索のペ
ージにアクセスしたりしている人はいないでしょうか。もしそうだとすれば、
大変な時間をロスしています。

💻 キー操作だけでChromeのアドレスバーから検索

Chromeでは、**アドレスバーに直接キーワードを入力する**ことでGoogle
検索が可能です。さらに高速化したいなら、アドレスバーをクリックする
代わりにショートカットキーを使いましょう。[Ctrl] + [K] を押すとカーソ
ルがアドレスバーに移動し、素早くキーワードを入力できます。

■ ショートカットキーを使って検索する

❶ [Ctrl] + [K] を押す

[Ctrl] + [K] を押すと（❶）、アドレスバーに［Googleを検索］と表示され、その右にカーソル
が移動する。キーワードを入力して [Enter] を押すと（❷）、検索を実行できる。なお、下部に表
示される候補を[↓][↑]で選択して [Enter] を押してもよい（❸）

Point

[Ctrl] + [L] や [Alt] + [D] というショートカットキーもあります。こ
れらの操作では、アドレスバーに入力されているURLが選択状態に
なり、別のURLや検索キーワードをすぐに入力できます。Chrome
以外のブラウザでも使えるので、覚えておくとよいでしょう。

時短
10分

Google検索最大の
ポイントは絞り込みだ!

短時間で知りたい情報を見つけたいとき、もっとも重要なのが検索結果の絞り込みのテクニックです。必ずマスターしておきましょう。

「検索演算子」を使って検索結果を絞り込む

知りたいことをネット検索したいとき、まず重要なのはキーワードの選択です。不適切なキーワードで検索すると、知りたい情報がなかなかヒットせず、検索結果を何ページも調べることになってしまいます。

たとえばもしビジネスチャットのサービスを選定したいのに「ビジネスチャット」という言葉を知らないとき、単なる「チャット」で検索すると、仕事とは関係のないチャットの話題がたくさんヒットしてしまい、調べるのに時間がかかってしまいます。

そこで使いたいのが「AND検索」です。「チャット　仕事」のように、**既知のキーワードをスペースで区切って複数並べることで、両方のキーワードに関係するページのみ表示できます。**

複数のキーワードのうち、**いずれかを含むページを探すときは「OR検索」** を使います。また、**「-」を使って特定のキーワードを検索対象から外す「除外」**（マイナス検索とも呼びます）、**部分的に一致する語句や類義語を排除して検索する「完全一致」** なども覚えておきましょう。

そのほか、ファイル形式を指定してPDFなどを検索したり、URLを指定して特定のサイト内だけを検索したりできる機能もあります。

Point

OR検索はAND検索など、ほかの演算子と組み合わせて使うのが一般的です。たとえば「ビジネスチャット　（マナー　OR　ルール）」というキーワードで検索すれば、「ビジネスチャットのマナー、またはビジネスチャットのルール」に関するページを検索できます。なお、カッコは入れなくても検索結果は同じです。

■ Googleで使える検索演算子

演算子	機能	入力例	注意点
スペース または AND	AND検索（すべてのキーワードに関連するページを検索）	チャット　仕事	キーワードの間のスペースは半角／全角いずれも可能
OR	OR検索（いずれかのキーワードに関連するページを検索）	Slack　OR　Teams	「OR」は半角大文字で入力する。3つ以上のOR検索は「A OR B OR C」とする
"○○○"	完全一致（キーワードを分割せずに検索）	"エクセル最強時短仕事術"	「"」（ダブルクォーテーション）は半角で入力する
-○○○	除外（キーワードを含まないページを検索）	チャット　-出会い	「-」は半角で、次のキーワードとの間にスペースを入れない
filetype： (type)	特定のファイル形式のみ検索対象とする	情報通信白書 filetype:pdf	ファイル形式は拡張子で指定する
before： yyyy/mm/dd	指定日以前のページのみ検索	チャット　ビジネス before:2020/1/1 after:2018/12/31	「yyyy/mm/dd」は「yyyy-mm-dd」と書いてもよい。「after:2017」のように省略すると、翌年以降を検索する
after： yyyy/mm/dd	指定日以降のページのみ検索		

COLUMN

検索結果を日付や言語で絞り込む

　検索結果の画面で、上部に表示される［ツール］を利用して絞り込むことも可能です。日本語のページだけを表示したり、期間を指定したり、通常の検索から完全一致検索に切り替えたりできます。

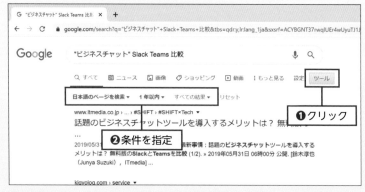

検索結果の画面で［ツール］をクリックし（❶）、表示されるメニューで期間や言語などの条件を指定する。［すべての結果］をクリックすると、［完全一致］への切り替えが可能（❷）

5 — ④

時短
15分

過去に検索したページを
履歴から探し出す

せっかく検索して見つけたページを、うっかり忘れてしまった……。そんなときは最初から検索し直さなくても、履歴を利用すれば短時間で探すことができます。

履歴には検索結果のページも保存される

Chromeで閲覧したウェブページは、履歴として記録されます。そして、ぜひ覚えておきたいのが、履歴から検索結果を再表示するというテクニックです。履歴の一覧で、タイトルの末尾に「Google検索」と付いているものをクリックすると、もう一度同じキーワードで検索できます。「せっかく役に立つ情報を見つけたのに、どんなキーワードで検索したか忘れてしまった」というときに活用しましょう。

■ 履歴からウェブページを表示する

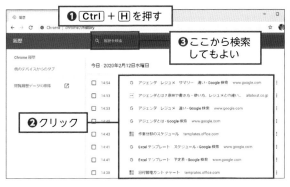

Ctrl + H を押すと（❶）、新しいものから順に履歴が表示されるので、見たいページのタイトルをクリックする（❷）。目的の履歴が見つからないときは、画面上部の［履歴を検索］にキーワードを入力して検索してみよう（❸）

Point

Googleアカウントでログインしておけば、別のパソコンやスマホなどのChromeと履歴を共有できます。また、「マイアクティビティ」（https：//myactivity.google.com/）で検索履歴を確認することも可能です。

5 — ⑤

時短
10分

リアルタイム情報は
Yahoo!でTwitter検索する

地震などの災害や、電車の遅延・運休といった情報について調べたいとき、
Twitterを利用すれば最新情報を素早く入手できます。そこで、新着ツイート
をリアルタイムで検索できる便利な方法を紹介します。

🖥 「Yahoo!リアルタイム検索」で情報を調べる

　「Yahoo!リアルタイム検索」は、Twitterに投稿された最新のツイート
を検索できるサービスです。Twitterのサイトでログインしてから検索す
るよりも、こちらのほうが素早く情報を探せます。検索結果は5秒ごとに
自動更新され、英語のキーワードでも日本語のツイートだけを対象に検索
できる点も便利です。

■ Yahoo!で「リアルタイム」を選択して検索

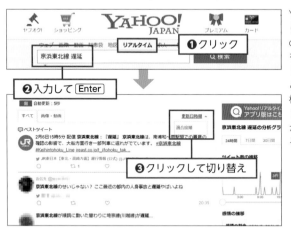

Yahoo!のトップページ
(https：//www.yahoo.
co.jp/) で「リアルタイム」
をクリック (❶)。キーワー
ドを入力して [Enter] を押す
と (❷)、最新のツイートを
検索できる。検索結果は
[更新日時順] で表示される
が、[適合度順] に切り替え
ることも可能 (❸)

Point

特定のテーマに関するツイートをまとめて読みたいときは、
「Togetter」(https：//togetter.com/) のようなサービスを利用
すると便利です。

5−06

時短
30分

WikipediaやAmazonは
アドレスバーから検索する

Chromeのアドレスバーには、Google以外の検索エンジンからも直接キーワードを入力して検索できるように設定できます。よく使う辞書サイトなどを追加しておくと、素早く検索できて便利です。

📖 アドレスバーから直接サイト内検索を行う

たとえばWikipediaで語句を調べるとき、まずWikipediaにアクセスして検索ボックスに語句を入力するのが一般的な方法です。しかし、Chromeに「その他の検索エンジン」としてWikipediaを登録しておけば、アドレスバーから直接検索できるようになります。辞書サイトやオンラインショップなど、検索機能のあるサイトの多くで同様の機能を使えます。

設定する際は、検索エンジンの名前とURLに加え、その検索エンジンを呼び出すためのキーワードを登録します。キーワードは自由に指定できるので、短くて入力しやすいものにしておきましょう。

■ 検索エンジンの管理画面

Chromeの設定を開き、[検索エンジン]をクリックして（❶）、[検索エンジンの管理]をクリックする（❷）

Point　Chromeの［設定］画面を開くには、画面右上の［ :］をクリックして［設定］を選択します。ショートカットキーを使う場合は Alt ＋ F を押してから S を押します。

■ 検索エンジンを追加する

表示される画面で、[その他の検索エンジン]の右にある[追加]をクリックする（❶）

■ 検索エンジンの情報を設定する

[検索エンジンの追加]画面が表示される。[検索エンジン]にサイト名、[キーワード]に呼び出し用の文字列、[URL]に検索用のURLを入力し（❶）、[追加]をクリックする（❷）

　[検索エンジンの追加]画面で入力するURLは、トップページのURLではなく、検索機能を利用するためのURLなので注意しましょう。おすすめのサイトと検索用のURLを表にまとめたので、参考にしてください。なお、[キーワード]には自分が入力しやすい文字列を適宜設定しましょう。半角英数字に限らず、日本語のキーワードも使えます。

サイト名	URL
Wikipedia	https://ja.wikipedia.org/w/index.php?fulltext=1&search=%s
goo辞書	https://dictionary.goo.ne.jp/srch/all/%s/m0u/
weblio辞書	https://www.weblio.jp/content/%s
Amazon	https://www.amazon.co.jp/s?k=%s

■ 検索エンジンを指定して検索する

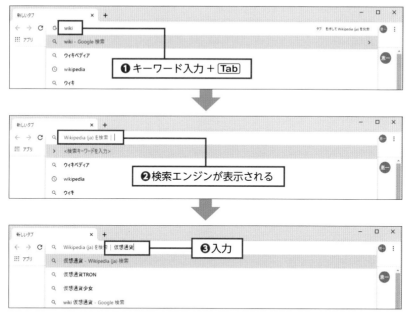

❶ キーワード入力 + Tab

❷ 検索エンジンが表示される

❸ 入力

先ほど設定したキーワードをアドレスバーに入力し、Tab を押す（❶）。すると［○○（検索エンジン名）を検索］と表示されるので（❷）、検索したい語句を入力して（❸）、Enter を押す

COLUMN

検索エンジンが自動で追加された場合

過去に検索機能を使ったことがあるサイトは、自動的に検索エンジンとして追加される場合があります。ただし、その場合は「キーワード」が長くて入力しづらいものが設定されることが多いので、短いものに変更しておきましょう。

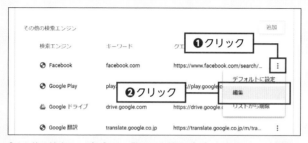

❶クリック

❷クリック

［その他の検索エンジン］の一覧で、右端の［：］をクリックし（❶）、
［編集］をクリックすると（❷）、設定内容を変更できる

5 — 07

時短 15分

出所が怪しい画像の詳しい情報を調べる

取引先から送られてきた画像がどこかの素材サイトからダウンロードしたもののようで、著作権が気になる……そんなときにぜひ使ってみたいのが画像検索機能です。

「Google画像検索」で情報を調べる

　社外に配布する文書やウェブページに画像を掲載したいとき、誰が著作権を持っているのかに無頓着だと、著作権者からの訴訟など大きなリスクを背負うことになりかねません。また、画像の一部を改変されているものを、それと知らずに公開してしまっても大変なことになります。

　そんなときには、Google画像検索を使ってみましょう。**パソコンに保存されている画像をアップロードすることで、類似画像を掲載しているウェブページを検索できます**。ヒットしたウェブページの中に画像を配布しているものがあれば、まずそこから調べてみるといいでしょう。画像が改変されている恐れがあれば、複数のページを比較してみる必要があります。また、写真に事実と異なる説明文が付けられている場合も、画像検索が真相の追究に役立つでしょう。

■ 画像検索に切り替える

Googleのトップページで画面右上にある［画像］をクリックして（❶）、画像検索に切り替える

■ 画像をアップロードする

[画像のアップロード] タブをクリックし（**❶**）、[ファイルを選択] をクリック（**❷**）。[開く]
ダイアログが表示されたら、パソコン内の画像を選択して [開く] をクリックする。なお、この
画面に画像をドラッグ＆ドロップして検索することも可能

■ 画像の関連情報が表示される

画像に関連する検索結果が表示される。ほかのウェブサイトで情報を参照して画像の出所を調べ
たり、画像に付けられていた説明が正しかったかどうかを判断したりするのに役立つ

Point　ウェブページに掲載されている画像から関連情報を検索することも
可能です。ウェブページ上の画像を右クリックし、[Googleで画像
を検索] をクリックしましょう。

5 — ⑧

時短 **10分**

毎日必ず使うサイトは すぐに開ける場所に置く

Gmailなど「毎日必ずアクセスし、ずっと開いたままにしておく」というサイトがある人は多いでしょう。そのようなサイトを毎回ブックマークの奥深くから開くのは時間の無駄です。もっと簡単な方法で表示しましょう。

タブの固定やブックマークバーを活用する

Chromeには、特定のウェブページを常に表示しておくための「タブの固定」という機能があります。この方法でタブを固定しておけば、**Chromeを起動したときに自動的に表示され、手動でアクセスする手間が省けます。**ただし、大量のタブを固定するとChromeを起動するたびに時間がかかり、メモリーの消費量が増えて動作が重くなってしまうので、特によく使うサイトだけを厳選して固定しましょう。

■ タブを固定する

固定したいウェブページを開いた状態でタブを右クリックし（❶）、[固定]をクリックする（❷）。するとタブが固定され、タブバーの左端に小さなサイズで表示される（❸）

　タブを固定するほどではない、つまり**「頻繁に利用するが、常に開いて
おく必要はない」というサイトは、ブックマークバーに登録する**のがおす
すめです。ブックマークバーとは、アドレスバーの直下にブックマークを
表示し、ワンクリックで開くための機能です。よく使うサイトを登録して
おくと、通常のブックマークより素早くアクセスできて便利です。

　なお、ブックマークバーが非表示になっている場合は、 Ctrl ＋ Shift
＋ B を押して表示しましょう。

■ ブックマークバーに登録する

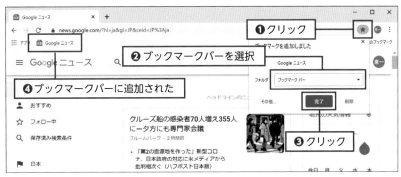

ブックマークバーに登録したいウェブページを表示したら、［☆］をクリックする（❶）。「フォ
ルダ」で［ブックマークバー］を選択し（❷）、［完了］をクリックすると（❸）、ブックマーク
バーに追加される（❹）

Point　　ブックマークバーに登録するサイトはよく使うものに限定し、5〜
6点程度までにしておきましょう。数が増えすぎてウィンドウの幅
に収まらない場合、右端から順に隠れてしまいます。なお、不要な
ものを削除するには、右クリックして［削除］を選択します。

5 — ⑨

時短 10分

ブックマークは なるべく使わない!

ウェブ上で仕事に役立ちそうな情報を見つけたとき、そのページをブックマークに登録するのはベストな方法ではありません。情報を効率よく整理して活用するには、もっと優れた方法があります。

🖥 「Pocket」に保存して情報源として活用

　ネットで調べものをしているとき、参考になりそうなウェブページをどんどんブックマークに追加していくと、すぐにあふれてしまい収拾がつかなくなります。ブックマークは整理が面倒で、登録したページが増えると管理しづらいため、情報源となるページのストックには不向きなのです。

　そこで、**あとから参考にしたいページは「Pocket」のようなサービスに登録しましょう。Chromeの拡張機能を使えばワンクリックで保存できます**。登録したページは見やすいリストで管理でき、タグを付けて分類したり、読み終わったものをアーカイブしたりできる機能もあります。また、スマートフォン用のアプリからもページの登録や閲覧が可能です。

Pocket
URL：https://getpocket.com/

■ Pocketの拡張機能を追加する

あらかじめ「Pocket」にユーザー登録しておく。拡張機能をインストールするには、Chromeウェブストア（https://chrome.google.com/webstore/）で「Save to Pocket」を検索し、[Chromeに追加] をクリックする（❶）

■ ウェブページをPocketに登録する

Pocketに保存したいウェブページを開き、拡張機能のアイコンをクリック（**❶**）。初回のみログインが必要なので、あらかじめ作成しておいたアカウントでログインする。［ページが保存されました！］と表示されれば登録は完了（**❷**）。この画面でタグを付けることもできる（**❸**）

■ 登録したウェブページを閲覧する

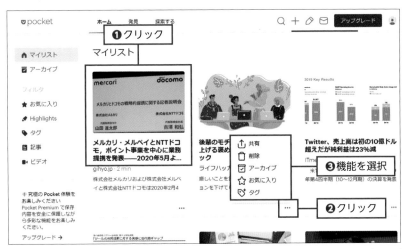

Pocket（https://getpocket.com/）にアクセスしてログインすると、登録したウェブページの一覧が表示される。サムネイルをクリックすれば内容を閲覧できる（**❶**）。右下の［…］をクリックすると（**❷**）、削除やアーカイブ、タグの追加などが可能（**❸**）

💻 ATTENTION !

登録したウェブページのデータはPocket内に保存され、オフラインでも閲覧できます。ただし、無料プランの場合はテキストなどが一時的に保存されるだけなので、元のページが削除されると完全な状態では表示できなくなります。

 COLUMN

Evernoteにウェブページの内容を保存する

　ウェブページの情報を保存するツールとして、もう1つ紹介したいのが、オンラインメモの「Evernote」です。Chromeの拡張機能を使えば、用途に合わせていろいろな形式でページを保存でき、スマートフォン用アプリからもページの取り込みが可能です。保存したページにメモを書き込んだり、必要な部分だけを切り貼りして1つにまとめたりすることもできます。

　ただし、保存したページを次々とチェックしたいときにはPocketのほうが便利です。気になるページはどんどんPocketに追加し、その中から長期的に保存したいものや編集を加えたいものはEvernoteに貼り付ける、という使い分けがおすすめです。

Chromeに拡張機能の「Evernote Web Clipper」を追加すると、アイコンをクリックし（❶）、形式を選択するだけで（❷）、表示中のページを保存できる

 Evernote
URL：https://evernote.com/

第 6 章

パソコン環境を整えて
快適に作業する

本書の最後に、パソコンの動作速度を改善する方法をいくつか紹介しておきます。Windowsはバージョンを重ねるごとに、トラブルを事前に防ぐ機能を増やしてきました。また、パソコンのハードウェアの性能が向上することにより、問題が自然に解決するケースもあります。

たとえば、昔からパソコンを使っている人なら、ハードディスク上のデータの断片化（バラバラに記録されること）を改善するための「デフラグ」を実行しないとパソコンの動作速度が低下する、と聞いたことがあるかもしれません。最近、Windowsのシステム記録にSSDを搭載するパソコンが多数派になりつつありますが、SSDでは基本的にデフラグは必要ありません。一方、Windows Updateの適用は絶対必要で、インストールにかなり長い時間かかるうえに再起動を伴うのは、昔から変わりません。システムを保存するハードディスクやSSDといったストレージの空き容量が減ると、全体の動作速度が大幅に低下するのも同じです。

本章では、このような問題についていくつかの改善方法を挙げています。気になるものがあれば、試してみてください。

6−01

時短 10分

トラブル対策の初動は 再起動から

仕事中にパソコンの調子がおかしくなったら、できるだけ速やかに正常な状態に戻し、時間のロスを最小限に抑えたいものです。そのための対処方法を知っておきましょう。

トラブルの多くは再起動で解決できる

パソコンで作業しているとき、OSやアプリの挙動がおかしくなったり、動作が異常に遅くなったりすることがあります。このようなトラブルが起こる原因はいろいろ考えられますが、あれこれ悩むよりも、まずはパソコンを再起動してみましょう。**再起動することで、システムの状態がリセットされ、不調の原因を取り除くことができます。**一時的なトラブルであれば、ほとんどの場合はこの方法で解消できるはずです。新しく追加したアプリや周辺機器がうまく動作しない場合も、一度再起動してみるとよいでしょう。

再起動するには、スタートメニューの［電源］アイコンから［再起動］を選択するのが一般的ですが、クイックアクセスメニューを利用すればキー操作だけで再起動できるので、覚えておくと便利です。

■ クイックアクセスメニューを使って再起動する

まず ⊞ + X を押し（❶）、クイックアクセスメニューが表示されたら U を押して（❷）、続いて R を押すと再起動できる（❸）

🖥️ **ATTENTION！**

再起動と聞くと「いったんシャットダウンしてから起動し直しても同じでは？」と思うかもしれません。しかし、Windows 10ではシャットダウンと再起動に大きな違いがあります。標準の設定では「高速スタートアップ」という機能が有効になっているため、シャットダウンしてもシステム情報が保持されたままになり、不調の原因が解消されません。トラブルの発生時はシャットダウンではなく再起動、と覚えておきましょう。

COLUMN
アプリが反応しなくなった場合の対処方法

アプリが正常に動作しなくなり、マウスやキーボードで操作しても反応しなくなることを「フリーズ」といいます。このような状態になると、通常の方法ではアプリを終了できない場合が多いので、[タスクマネージャー]を使って強制終了させましょう。[詳細]画面を表示すると、アプリ別のCPUやメモリーの使用率といった情報をチェックでき、パソコンの動作速度を低下させている原因を知りたいときにも役立ちます。

❶ Ctrl + Shift + Esc を押す

🗔 タスク マネージャー	— ☐ ✕
📄 Adobe Acrobat Reader DC (32 ビット)	
🔵 Google Chrome	
📊 Microsoft Excel (32 ビット)	
📄 Microsoft Word (32 ビット)	❷選択

❹詳細を調べたい場合はクリック

❸クリック

⌄ 詳細(D)　　　　　　　　　　　　タスクの終了(E)

Ctrl + Shift + Esc を押して（❶）、[タスクマネージャー]を起動する。起動中のアプリの一覧が表示されるので、終了させたいものを選択し（❷）、[タスクの終了]をクリック（❸）。詳しい情報を確認したい場合は[詳細]をクリックする（❹）

6 — 02

Chromeの調子が
おかしいときはどうする?

Chromeは優れた機能を持つブラウザですが、ときにはウェブページが正常に表示されないなどのトラブルが起こることもあります。そのような場合の対処方法を知っておきましょう。

Cookieやキャッシュを削除してエラーを解消する

Chromeで特定のウェブサイトにアクセスしたとき、「400 Bad Request」などのエラーが発生して正常に表示できない、あるいはログインなどの操作に失敗するといったトラブルが起こることがあります。**このようなトラブルの多くは、Cookieやキャッシュ(一時ファイル)を削除することで解消できます。**

Cookieとは、ウェブサーバーからブラウザに送信されるテキストファイルの一種で、さまざまなユーザー情報(アクセスした日時や閲覧内容、ログイン情報など)が記録されます。これによって、次回以降のアクセス時に各ユーザーに最適化されたコンテンツが表示されるという利点があります。しかし、**古いCookieが残った状態だとエラーの原因になる場合もあるので注意が必要です。**

削除には2種類の方法があります。1つは、すべてのCookieやキャッシュを一括で削除する方法、もう1つは特定のサイトのCookieだけを削除する方法です。前者のほうが手順は簡単ですが、Cookieを削除するとウェブページの閲覧時に不便を感じることも多いため、一部のサイトのみでエラーが発生する場合は後者の方法がよいでしょう。

Point

エラーの原因がサイト側にあるのか、Chrome側にあるのかわからない場合は、そのサイトを別のブラウザで閲覧してみましょう。別のブラウザでも正常に表示されないならサイト側に問題がある可能性が高く、その場合はユーザー側で解決することはできません。

■ Cookieやキャッシュを一括で削除

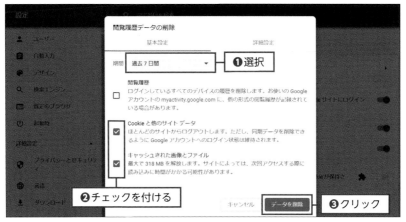

Chromeの［設定］画面で［詳細設定］→［プライバシーとセキュリティ］を開き、［閲覧履歴データの削除］をクリック。［期間］を選択し（❶）、［Cookieと他のサイトデータ］と［キャッシュされた画像とファイル］にチェックを付け（❷）、［データを削除］をクリックする（❸）

```
ATTENTION !
```

［閲覧履歴データの削除］画面で［閲覧履歴］にチェックを付けると、今までにアクセスしたウェブページの履歴が削除されます。残しておきたい場合は、必ずチェックを外しておきましょう。

■ 特定のサイトのCookieだけを削除する

Chromeの［設定］画面から［詳細設定］→［プライバシーとセキュリティ］→［サイトの設定］→［Cookieとサイトデータ］→［すべてのCookieとサイトデータを表示］をクリック。エラーの起こっているサイトのドメインを探し、右側にある［削除］アイコンをクリックする（❶）

🖥️ Chromeの動作に問題がある場合の対処方法

　Chromeの動作が極端に遅い場合、原因として一番多いのは、タブを大量に開きすぎていることです。Chromeでは各タブが独立したプロセスとして動作するため、**開いているタブが多いほどメモリーの消費量が増大します**。これを防ぐために、使い終わったタブはこまめに閉じるようにしましょう。それでも速度が改善しないときや動作が不安定な場合、Chromeをいったん終了させて起動し直せば、たいていのトラブルは解消できます。

　ただし、Chromeを終了させても一部のプロセスが残ったままになり、バックグラウンドで動作し続けることがあります。このような場合は、**Chromeに搭載されている［タスクマネージャ］を使って終了させれば、トラブルの原因を取り除くことが可能です**。

　また、拡張機能がトラブルを引き起こすこともあります。拡張機能は一時的にオフにすることもできますが、特定の拡張機能が不調の原因であることがわかった場合は、アンインストールしたほうがよいでしょう。

■ 不要なタスクを終了させる

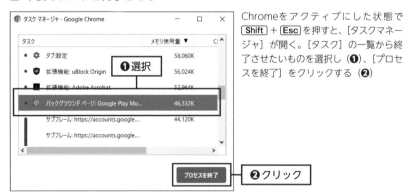

Chromeをアクティブにした状態で [Shift] + [Esc] を押すと、［タスクマネージャ］が開く。［タスク］の一覧から終了させたいものを選択し（❶）、［プロセスを終了］をクリックする（❷）

Point

　［タスクマネージャ］の画面上部にある［メモリ使用量］をクリックすると、メモリーの使用量が多い順に並べ替えることができ、速度低下の原因になっているタスクを見つけるために役立ちます。また、バックグラウンドで実行中のプロセスは、タスク名の先頭に［バックグラウンドページ］と表示されます。

■ 拡張機能を無効化または削除する

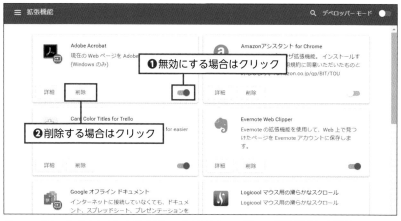

❶無効にする場合はクリック

❷削除する場合はクリック

Chromeのウィンドウ右上にある［⋮］→［その他のツール］→［拡張機能］を選択すると、インストール済みの拡張機能の一覧が表示される。一時的に無効にする場合は、右下のスイッチをクリックしてオフにする（❶）。完全にアンインストールする場合は［削除］をクリックする（❷）

Point

トラブルの原因が拡張機能なのかどうかを調べるには、いったんすべての拡張機能をオフにしてみます。そのうえで、拡張機能を1つずつオンにして動作を確認していけば、問題のある拡張機能を特定できます。なお、［タスクマネージャ］を使って拡張機能を停止させることも可能です。一時的に動作不良を起こしている場合は、この方法で終了させるとよいでしょう。

COLUMN
Chromeの設定を初期状態に戻す

　Chromeの動作がおかしくなり、解決するのが難しいときは、設定をリセットするのも1つの方法です。たとえば、アドウェアなどの悪質なソフトの仕業で設定が勝手に変更されたり、ポップアップ広告が何度も表示されたりする場合は、リセットしてみましょう。

　リセットするには、Chromeの［設定］画面で［詳細設定］→［リセットとクリーンアップ］→［設定を元の既定値に戻します］→［設定のリセット］をクリックします。なお、この操作を行ってもブックマークや保存したパスワードは消去されません。

無駄な機能をオフにして パソコンの動作を高速化

作業の効率化をどれだけ工夫しても、パソコン自体の動作が遅いと、仕事を速く進めるうえで妨げになります。そこで、Windows 10の設定を見直し、速度を向上させるための方法を紹介します。

視覚効果を無効にしてパフォーマンスを向上させる

会社から支給されるパソコンは、必ずしもスペックが十分とは限りません。動作の重いアプリをいくつも起ち上げて作業していると、処理に時間がかかってイライラする……と悩まされている人も多いでしょう。このような状況を改善したいなら、まずやってみるべきなのが、**速度低下の原因となる無駄な機能をオフにすること**です。

Windows 10には、画面の見栄えをよくするためのさまざまな視覚効果が用意されています。たとえば、ウィンドウを最大化／最小化するときは、徐々にサイズが変わっていくアニメーションが表示されます。また、ウィンドウの周囲やデスクトップのアイコン名には、立体的に見えるように影が付いています。これらの効果はビジュアル的な美しさを狙ったものであり、無効にしても操作に影響を及ぼすことはありません。見た目よりも高速化を優先したいなら、不要な視覚効果はオフにしましょう。

視覚効果に関する設定は、[パフォーマンスオプション]ダイアログで行います。効果の種類ごとに17個の項目が用意されており、それぞれオン／オフを選択できます。すべてをオフにすることも可能ですが、項目によってはオフにすると画面が見づらくなったり、使い勝手が悪くなったりすることもあるので注意が必要です。たとえば[スクリーンフォントの縁を滑らかにする]をオフにすると、画面上の文字がかなり読みにくくなります。また、[アイコンの代わりに縮小版を表示する]をオフにすると、画像や文書などのサムネイルが表示されなくなるので不便です。これらの項目はオンにしておいたほうがよいでしょう。

もともとCPUやGPUの性能が高いパソコンでは、視覚効果をオフにし

ても速度向上を実感できない場合もあります。しかし、スペックが低めの
パソコンで動作が重いと感じることが多いなら、試してみる価値はあるで
しょう。

■ 不要な視覚効果をオフにする

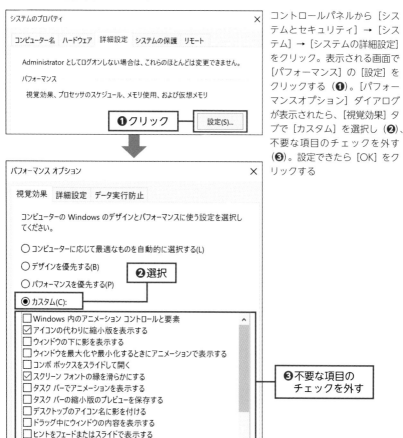

コントロールパネルから［システムとセキュリティ］→［システム］→［システムの詳細設定］をクリック。表示される画面で［パフォーマンス］の［設定］をクリックする（❶）。［パフォーマンスオプション］ダイアログが表示されたら、［視覚効果］タブで［カスタム］を選択し（❷）、不要な項目のチェックを外す（❸）。設定できたら［OK］をクリックする

Point
［パフォーマンスオプション］ダイアログの［視覚効果］タブで［パフォーマンスを優先する］を選択すると、すべての項目がオフになります。一部の項目（210ページ参照）だけオンにしたい場合は、いったん全部オフにしてからチェックを付けていけば簡単です。

バックグラウンドアプリを制限して負荷を抑える

　もう1つ、パソコンの高速化に効果的な方法が、アプリのバックグラウンド実行を制限することです。

　Windows 10では、ユーザーが使っていないときでもアプリがバックグラウンドで動作し、情報の受信やデータの更新、通知の表示などができるようになっています。便利な反面、**多数のアプリが動作しているとCPUやメモリーに負荷がかかり、動作速度の低下を招いてしまいます**。バックグラウンドでの実行を許可するかどうかはアプリごとに設定できるので、不要なものはオフにしておきましょう。これによってパソコンを高速化できるだけでなく、バッテリーや通信量の節約にも役立ちます。

　なお、バックグラウンド実行のオン／オフを設定できるのはストアアプリに限られ、デスクトップアプリは対象外となります。

■ アプリのバックグラウンド実行をオフにする

[設定]画面から[プライバシー]を開き、[バックグラウンドアプリ]をクリック（❶）。[バックグラウンドでの実行を許可するアプリを選んでください]の下にある一覧で、不要なアプリをオフにする（❷）

ATTENTION！

アプリの種類によっては、バックグラウンド実行をオフにすると支障が出ることもあります。たとえばメールアプリをオフにすると、新着メールをリアルタイムで受信できなくなります。また、OneDriveなどのアプリをオフにした場合、ファイルの同期が実行されません。そのほか、カレンダーやToDoなどの通知を受け取りたいアプリも、オフにするのは避けましょう。

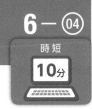

6－04

時短 10分

不要ファイルを削除してディスクの無駄をなくす

ディスクに不要なファイルが溜まっていると、容量不足を招くだけでなく、パソコンのパフォーマンスにも影響を与えます。一時ファイルなどは定期的に削除して、無駄を一掃しましょう。

ストレージセンサーで一時ファイルを削除する

パソコンを使い続けていると、使用済みの一時ファイル（作業中のデータなどが一時的に記録されたもの）など、不要なファイルがどんどん溜まっていきます。**そのまま残しておくとディスクの容量を圧迫するだけでなく、パソコンの動作が遅くなったり不安定になったりする原因になるので、こまめに削除しておきましょう**。Windows 10には、不要ファイルを削除するための「ストレージセンサー」という機能が搭載されています。アプリによって作成された一時ファイルのほか、ごみ箱や［ダウンロード］フォルダー内のファイル、Windows Updateで適用した古い更新プログラムなども削除することができます。

■［ストレージ］で一時ファイルを確認

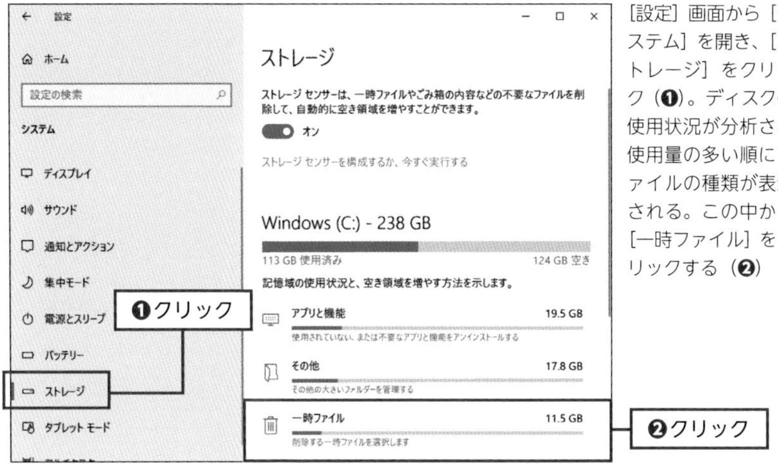

［設定］画面から［システム］を開き、［ストレージ］をクリック（❶）。ディスクの使用状況が分析され、使用量の多い順にファイルの種類が表示される。この中から［一時ファイル］をクリックする（❷）

■ 不要なファイルを削除する

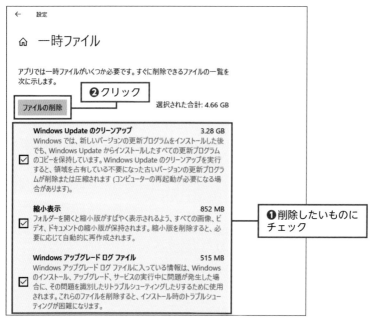

［一時ファイル］画面に切り替わり、ディスク内のファイルがスキャンされるので、しばらく待つ。完了すると削除可能なファイルの種類が一覧表示されるので、削除したいものにチェックを付け（❶）、［ファイルの削除］をクリックする（❷）

💻 **ATTENTION !**

［一時ファイル］画面に表示されるファイルは、基本的にはすべてチェックを付けて削除しても差し支えありません。ただし、［Windowsアップグレードログファイル］は少々注意が必要です。このファイルにはWindowsをインストールまたはアップグレードしたときのログ（記録）が保存されており、削除するとトラブル発生時に解決が困難になる場合があります。また、［ダウンロード］フォルダーや［ごみ箱］にファイルを置きっぱなしにしている人は、削除しても問題ないか確認してから実行しましょう。

COLUMN

ストレージセンサーを自動で実行する

　ストレージセンサーの自動実行をオンにしておくと、不要ファイルを自動的に削除することができます。デフォルトではディスクの空き領域が不足したときに実行されますが、毎日、毎週、毎月といったタイミングで実行することも可能です。ただし、この方法では一時ファイルのうち一部の種類しか削除できません。普段から自動実行をオンにしておき、空き容量が少なくなったときは手動でファイルを削除するというように、うまく併用しましょう。

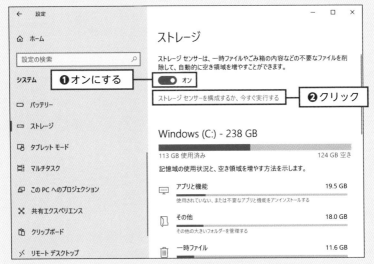

［設定］画面から［システム］→［ストレージ］を開き、ストレージセンサーをオンにする（❶）。［ストレージセンサーを構成するか、今すぐ実行する］をクリックすると（❷）、実行するタイミングや削除するファイルの条件を設定できる

ATTENTION !

ストレージセンサーは、以前のWindowsで一時ファイルの削除に使われていた「ディスククリーンアップ」の後継にあたる機能です。ディスククリーンアップは、互換性維持のため最新のWindows 10にも搭載されていますが、今後は廃止される予定で、すでに使用は非推奨とされています。代わりにストレージセンサーを使うようにしましょう。

6 — ⑤

時短
5分

マウスやタッチパッドの
使いづらさを解消する

ショートカットキーを使いこなしている場合でも、パソコンの操作でマウス
やタッチパッドが必要になることは多々あります。もし使いづらさを感じて
いるなら、設定を変更して動作を改善しましょう。

🖥 マウスポインターをよく見失ってしまう!

　パソコンでの作業中に、マウスポインターが画面のどこにあるのかわか
らなくなり、探すのに手間取ってしまうことがあります。こんなことで時
間を浪費しないように、キー操作で簡単に見つけられるように設定してお
きましょう。この設定を行うと、**Ctrl を押せばマウスポインターの周囲
に円が表示され、パッと見つけることができます**。

■ キー操作でポインターを強調表示する

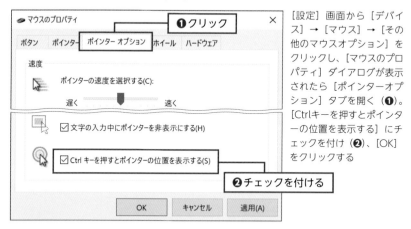

[設定]画面から[デバイス]→[マウス]→[その他のマウスオプション]をクリックし、[マウスのプロパティ]ダイアログが表示されたら[ポインターオプション]タブを開く(**❶**)。[Ctrlキーを押すとポインターの位置を表示する]にチェックを付け(**❷**)、[OK]をクリックする

Point

マウスポインターを見失いにくくするには、サイズを大きくしたり、
目立つ色に変えたりするのも有効な方法です。この設定は、[設定]
画面の[簡単操作]→[カーソルとポインター]で行います。

マウスポインターが思いどおりの速さで動かない！

マウスやトラックパッドを動かしたとき、**マウスポインターが移動する速度が遅すぎたり速すぎたりすると、スムーズに操作できません**。思いどおりに動作するように速度を調整してみましょう。また、ダブルクリックの速度も調整可能なので、使いにくい場合は設定を変更しましょう。

■ ポインターの移動速度を調整する

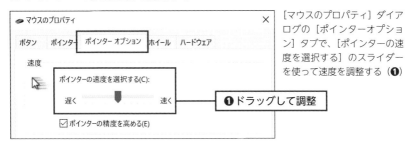

［マウスのプロパティ］ダイアログの［ポインターオプション］タブで、［ポインターの速度を選択する］のスライダーを使って速度を調整する（**❶**）

■ ダブルクリックの速度を調整する

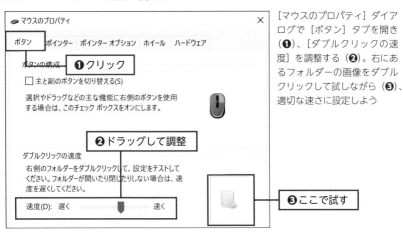

［マウスのプロパティ］ダイアログで［ボタン］タブを開き（**❶**）、［ダブルクリックの速度］を調整する（**❷**）。右にあるフォルダーの画像をダブルクリックして試しながら（**❸**）、適切な速さに設定しよう

 Point

トラックパッドの場合、［設定］画面の［デバイス］→［トラックパッド］で感度の調整やジェスチャの設定などが可能なので、そちらも確認しておきましょう。

これだけはやっておきたい
セキュリティの基本

業務で扱う重要な情報を保護し、仕事を滞りなく進めるには、セキュリティへの配慮が必須です。ここでは、パソコンを安全に使うために最低限押さえておきたい知識について解説します。

ウイルスなどの脅威からパソコンを保護するには

パソコンを不正アクセスやマルウェア（ウイルスやスパイウェアなどの悪質なプログラム）などの脅威から守るには、セキュリティ対策が必要です。特に業務で使用するパソコンが攻撃を受けた場合、機密情報の流出など深刻な被害をもたらし、金銭的な損失や社会的信用の失墜につながる可能性もあります。また、ウイルスに感染し、ネットワークを通じて社内システム全体に被害が広がると、復旧にかかる時間や労力の損失も甚大になります。このような事態を防ぐために、最低限必要な対策を紹介します。

Windows Updateを実行する

Windowsにセキュリティ上の問題が見つかった場合、Windows Updateによって修正用のプログラムが配布されます。**更新を行わずに問題を放置していると、パソコンが脅威にさらされ、マルウェアの侵入や外部からの攻撃を受けるリスクが高くなります。**通常、Windows Updateは自動的に実行されますが、手動で行うことも可能です。休暇明けなど、しばらくパソコンを使っていなかったときは、仕事を始める前に手動で更新しておくとよいでしょう。

Point

Windows Updateを手動で実行するには、[設定] → [更新とセキュリティ] → [Windows Update] を開き、[更新プログラムのチェック] をクリックします。

マルウェア対策とファイアウォールは必須

　ウイルスなどの脅威を防ぐには、セキュリティアプリをインストールし、適切に運用する必要があります。また、ファイアウォールを有効にしておけば、不正な通信による情報漏えいを防ぐことができます。**Windows 10 の場合、付属の「Windowsセキュリティ」でマルウェア対策やファイアウォールの機能を利用できます**が、市販のアプリを使うことも可能です。会社で指定されている製品がある場合は、それを使うようにしましょう。

怪しいアプリはインストールしない

　インターネット上で配布されているフリーソフトやシェアウェアには、便利なものがたくさんあります。しかし、中には**スパイウェアなどの悪質なプログラムを含んだアプリも存在するので注意が必要です**。素性の怪しいアプリを安易に使うのは避け、社内で実績のあるものや信頼できるサイトで公開されているもののみインストールしましょう。提供元が不明だったり、よくわからないサイトが公開していたりするアプリは、むやみにパソコンに入れてはいけません。どうしても試したい場合は、仮想環境あるいは社内のネットワークにつながっていないテスト用マシンなど、厳重な管理下であらかじめチェックしてから使うようにしましょう。

エクセルやワードのマクロに注意

　エクセルやワードの操作を自動化するマクロは、便利な反面、悪用されると非常に危険です。たとえば2019年末に猛威を振るった「Emotet（エモテット）」というウイルスは、ワードのマクロを実行することでパソコンに感染する仕組みになっていました。しかも、知人になりすまして送信されたメールに添付されていたため、信用してマクロを有効にしてしまう人が多く、感染を広げる一因になったと見られています。このような巧妙な手口を使ったウイルスは今後も登場する可能性が高いので、他人から受け取ったマクロ付きファイルの扱いには慎重を期す必要があります。

Windows Updateによる
作業中断をなくす

Windows Updateの重要性は理解していても、更新後にパソコンが勝手に
再起動されるのは困る、と思う人は多いでしょう。そこで、再起動のタイミ
ングをうまくコントロールする方法を知っておきましょう。

アクティブ時間を設定して予期せぬ再起動を防ぐ

　Windows Updateでシステムに大きな変更を加えるような更新プログラムがインストールされた場合、パソコンの再起動が必要になります。しかし、仕事中に自動で再起動が行われると、思わぬタイミングで作業が中断されてしまいます。作業中のファイルが保存していない状態だった場合、編集内容が失われてしまう可能性もあります。しかも、更新プログラムの種類によっては再起動にかなり時間がかかることもあるので厄介です。

　このような事態を防ぐには、**再起動したくない時間帯を「アクティブ時間」として設定しておきましょう**。指定した時間帯は、Windows Updateが実行されても再起動は行われないので、安心して仕事に集中できます。なお、アクティブ時間内であっても手動で再起動することは可能です。都合のいいタイミングで、なるべく早めに再起動しておきましょう。

■ アクティブ時間の設定画面を開く

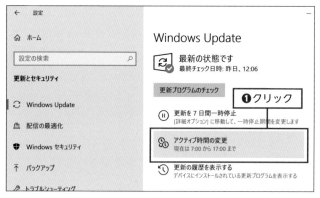

［設定］画面から［更新とセキュリティ］→［Windows Update］を開き、［アクティブ時間の変更］をクリックする（❶）

■ 再起動したくない時間帯を指定する

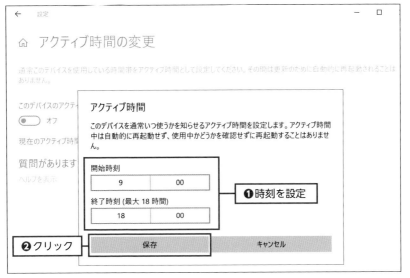

[アクティブ時間の変更]画面が表示されたら[変更]をクリックし、表示される画面で[開始時刻]と[終了時刻]を設定して（❶）、[保存]をクリックする（❷）。最大18時間までの範囲で設定が可能

COLUMN
アクティブ時間外の再起動を延期する

仕事が忙しいときなど、アクティブ時間外であっても再起動したくないこともあるでしょう。その場合は、更新プログラムのインストール後に「再起動のスケジュール」を設定しましょう。最大で6日後まで再起動を延期できます。

[設定]画面の[更新とセキュリティ]→[Windows Update]で[再起動のスケジュール]をクリックし（❶）、再起動を許可する日時を設定する

Windowsを1秒で ロックする

席を離れるときにパソコンをそのままにしておくと、他人に勝手に操作され、データを盗まれる恐れがあります。これを防ぐために、離席時には必ずロックしておきましょう。

他人にパソコンを勝手に使われるのを防ぐ

休憩や会議などで自分の席を離れるときは、必ずパソコンをロックしておきましょう。そうすれば、パスワード（またはPINなど）を入力してロックを解除しない限りパソコンを使えなくなり、他人に勝手に操作されるのを防ぐことができます。

ロックはスタートメニューから行うこともできますが、ショートカットキーのほうが簡単です。■＋Ｌを押せば、すぐにロックできます。

このほか、Windows 10には「動的ロック」という機能もあります。Bluetoothでペアリングしておいたスマートフォンを持ってパソコンから離れると、自動的にロックされる機能です。実際にロックされるまでは多少時間がかかるため、安全性の面で万全とはいえませんが、手動でロックするのを忘れたときの保険としては役に立つでしょう。

■ 動的ロックをオンにする

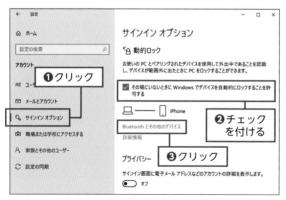

[設定] 画面から [アカウント] → [サインインオプション] をクリック（❶）。[動的ロック] にある [その場にいないときにWindowsでデバイスを自動的にロックすることを許可する] にチェックを付ける（❷）。なお、スマートフォンのペアリングが未設定の場合は、[Bluetoothとその他のデバイス] をクリックして設定しよう（❸）

あとがき

　数年前から、年に一度、「REALFORCE TYPING CHAMPIONSHIP」というタイピングの大会が開かれています。高級キーボード「REALFORCE」シリーズを製造する東プレが主催していますが、参加者のうち、上位の人は最高で1秒間に20文字程度、1分間の平均でも1000文字以上も入力できます。タイプが速いと思われる人でも1分間200文字から300文字程度なので、実に3〜5倍程度の速度で入力しているわけです。

　そういった人たちの手元を映した動画をよく見ると気付くのですが、上位の人の中にはホームポジションを無視している人が少なくありません。小指を使わない人や、どのキーをどの指で押すかの決まりがないように見える人など、さまざまです。

　ホームポジションというのは、高速に入力するためのものではなく、初心者がタイピングに馴染むためのものです。効率のよい指使いは、人によって異なります。最初はホームポジションを参考にすべきですが、タッチタイプができるようになって入力速度を上げたければ、自分が入力しやすい運指を自分で探っていくしかないのです。

　パソコン仕事の時短についても、同じことがいえます。例を挙げれば、本書を含め、多くのパソコン仕事術の本では「マウスを使うな。キーボードのショートカットキーで済ませろ」と書いてあります。一般的にはそれが正解なのですが、すべてをキーボードで済ませたほうが高速かというと、そうとはいい切れません。Windowsのインターフェイスはマウス操作を前提に設計されているからです。キーボードとマウスをどう使い分けるか、作業する人の好みや作業内容によって最適解は異なるのです。

　パソコン仕事の時短を図りたいなら、継続的に情報を集めて試し、効果のあるものを取り入れていく姿勢が重要です。読者のみなさんが本書を読み終ったあと、さらなる時短へと進んでいくことを心から願っています。

著者プロフィール

守屋 恵一（もりや けいいち）

岡山県出身。テクニカルライター。塾講師を経て、パソコンやネット関係の雑誌記事執筆をきっかけに出版に関わるようになる。これまでパソコン・スマホ・ネット関係だけで300冊近いムックや書籍を構成・編集・執筆し、関わった本の総ページ数は数万に及ぶ。裏方として50冊を超えるパソコン活用本を構成・執筆する中で、メールなどITツールによる業務の最適化に目覚め、オフィス環境改善に励む日々を送る。

● **本書サポートページ**

https://gihyo.jp/book/2020/978-4-297-11219-6/support
本書記載の情報の修正／補足については、当該Webページで行います。

■お問い合わせについて

　本書に関するご質問は記載内容についてのみとさせていただきます。本書の内容以外のご質問には一切応じられませんので、あらかじめご了承ください。なお、お電話でのご質問は受け付けておりませんので、書面またはFAX、弊社Webサイトのお問い合わせフォームをご利用ください。

〒162-0846
東京都新宿区市谷左内町21-13
株式会社技術評論社
『パソコン［最強］時短仕事術』係
FAX：03-3513-6173
URL：https://gihyo.jp

　ご質問の際に記載いただいた個人情報は回答以外の目的に使用することはありません。使用後は速やかに個人情報を廃棄します。

● **装丁デザイン**　　　　ナカミツデザイン
● **本文デザイン・DTP**　KuwaDesign
● **編集**　　　　　　　　クライス・ネッツ
● **担当**　　　　　　　　野田 大貴

パソコン［最強］時短仕事術
超速で仕事するテクニック

2020年3月28日　初版　第1刷発行
2020年6月17日　初版　第2刷発行

著　　　者　守屋 恵一
発　行　者　片岡 巌
発　行　所　株式会社技術評論社
　　　　　　東京都新宿区市谷左内町21-13
　　　　　　TEL：03-3513-6150　販売促進部
　　　　　　TEL：03-3513-6177　雑誌編集部
印刷／製本　日経印刷株式会社